U0598673

研发投入、专利活跃度与经济增长

胡越秋　著

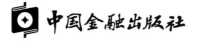中国金融出版社

责任编辑：王慧荣
责任校对：潘　洁
责任印制：丁淮宾

图书在版编目（CIP）数据

研发投入、专利活跃度与经济增长/胡越秋著 . —北京：中国金融出
版社，2023. 8
ISBN 978 - 7 - 5220 - 2128 - 7

Ⅰ . ①研… Ⅱ . ①胡… Ⅲ . ①科研开发—资金投入—关系—中国经
济—经济增长—研究②专利技术—技术发展—关系—中国经济—经济
增长—研究 Ⅳ . ①G322②306. 72③F124

中国国家版本馆 CIP 数据核字（2023）第 148798 号

研发投入、专利活跃度与经济增长
YANFA TOURU ZHUANLI HUOYUEDU YU JINGJI ZENGZHANG

出版
发行　中国金融出版社

社址　北京市丰台区益泽路 2 号
市场开发部　（010）66024766，63805472，63439533（传真）
网 上 书 店　www. cfph. cn
　　　　　　（010）66024766，63372837（传真）
读者服务部　（010）66070833，62568380
邮编　100071
经销　新华书店
印刷　河北松源印刷有限公司
尺寸　169 毫米×239 毫米
印张　10
字数　153 千
版次　2023 年 8 月第 1 版
印次　2023 年 8 月第 1 次印刷
定价　45. 00 元
ISBN 978 - 7 - 5220 - 2128 - 7
如出现印装错误本社负责调换　联系电话（010）63263947

摘　　要

　　自党的十八大提出实施创新驱动发展战略以来，创新发展一直被摆在国家发展全局的核心位置，对保持经济长期高质量发展具有不可替代的作用，而研发投入则是提高创新能力、促进创新发展的有力保障，整体研发投入的状况影响国家的创新能力和竞争实力，进而对一国经济增长产生影响。发明专利是最能体现创新发展的重要指标之一，其能否成功转化为创新产品或服务以获得利润，对国家经济增长的质和量均十分关键。因此，本书从专利活跃度和三个子活跃度，即专利申请活跃度、专利价值活跃度、专利转让活跃度分别探讨研发投入对经济增长产生的影响，同时判别专利活跃度在其中所具有的中介作用机制。

　　首先，本书在内生增长理论分析框架下，将技术进步视为经济增长的内在驱动，并在此基础上将其内生化，引入"专利活跃度"变量，通过对研发投入、专利活跃度与经济增长三者之间的影响分析，对内生增长理论模型进行了扩展。同时证明，研发投入增加能够正向影响经济增长，专利活跃度在研发投入与经济增长的过程中具有非线性影响。

　　其次，本书选取了 OECD 和 RCEP 数据完备的成员国以及俄罗斯和印度共 45 个国家的 2009—2019 年数据，实证分析研发投入对经济增长的作用，同步对四大战略新兴产业的数据进行细分研究。通过实证分析、稳健性检验及异质性检验后，本书发现：（1）国家层面和战略新兴产业层面的研发投入对经济增长均有积极的促进作用；（2）与经济发达国家相比，发展中国家的研发投入对经济增长的正向促进作用较低；（3）仅属于 OECD 成员国的研发投入对经济增长的正向影响大于仅属于 RCEP 的国家；（4）四个战略新兴产业的研发投入对经济增长的促进作

1

用从大到小排序依次为新一代信息技术产业、高端装备制造产业、新能源汽车产业、生物产业，且四个战略新兴产业的研发投入对经济增长的促进作用远远高于整体国家的数据结果。

再次，本书选用了德温特专利数据库以及世界知识产权组织数据库中与专利申请、专利价值、专利贸易相关的 20 个指标作为专利的整体活跃程度的整体指标得分，并根据得分对研发投入影响经济增长的过程中专利活跃度存在的中介效应机制进行研究。本书发现：（1）整体而言，专利活跃度在研发投入促进经济增长的过程中具有正向的中介效应；（2）细分来看，专利转让活跃度的正向中介效应高于专利申请活跃度、专利价值活跃度。其后，本书进一步探究了研发投入影响经济增长的过程中专利活跃度存在的门槛效应，根据单一门槛、双重门槛和三重门槛假设分别进行门槛自抽样检验，认为存在双重门槛，并依据专利活跃度双重门槛值将专利活跃度分为三个区间，研究发现：大于第二门槛值区间的专利活跃度在研发投入促进经济增长的过程中发挥的中介效应作用远高于其他区间。

最后，基于上述关于研发投入、专利活跃度与经济增长的分析结果，本书有针对性地提出了一系列可能行之有效的建议：加大政策支持力度，充分发挥政府职能；提升专利活跃程度，实现创新发展协同；建立国家创新系统，推动科技共同发展；提升专利出口收益，加强专利转让转化；制定多元产业政策，促进经济高质增长。

关键词：研发投入；专利活跃度；创新；经济增长

目　　录

图

表

第1章 绪　　论

1.1　研究背景

"抓创新就是抓发展，谋创新就是谋未来。"党中央高度重视创新，党的十八大提出要"实施创新驱动发展战略"，党的十九大提出"加快建设创新型国家"。一直以来，推动持续性创新始终是保持国家经济长期增长的核心动力。经历了多年的经济快速增长和科技发展，中国从过去主要依靠要素驱动和投资驱动来实现经济的发展逐渐转变为现在依靠技术创新来驱动经济的发展，制造业综合实力得到持续提升，体系完整优势逐渐凸显。研发投入是保障技术持续创新的有效手段之一，丰富的专利资源和有效的专利运营对促进科技成果转化为实际生产力具有重要意义。国家专利转让、许可、质押等运营次数与研发投入有效性及创新发展水平息息相关。以专利转让为例，其作为专利运营的一种重要方式，对促进专利转化、"盘活"现有专利资源具有重要意义。2019年，美国共有专利数659622件，转让1次的占比34%，转让2次的占比18%；中国有3801877件专利，转让1次的占比4%，转让2次的占比为零。① 由此可见，中国的专利数是美国专利数的5.76倍，但是转让次数却相差甚多，因此，与作为全球科技高地的美国相比，如何解决中国研发投入偏高和专利转让率低、活跃度较低等缺陷，都是值得研究的课题。在当前及未来经济发展中，企业如何通过创新获得自身核心技术，以增加国际竞争力、提升经济实力，从而提高国家的经济

---

① Derwent Innovations Index（DII），德温特专利数据库，截至2022年3月15日数据。DII是由Derwent（全球最权威的专利文献信息出版机构）共同推出的基于Web的专利信息数据库，由德温特世界专利索引（Derwent World Patent Index，DWPI）和专利引文索引（Patents Citation Index，PCI）两部分组成。DII每周更新一次，提供全球专利信息。

发展的质量，实现持续地创新驱动发展，是我们必须思考和解决的问题。

1.1.1　技术创新水平情况

自改革开放以来，中国经济迅速崛起，但是近年来美国试图遏制中国经济发展，中国面临的挑战极其严峻。在信息化的社会背景下，各国经济发展基本上都是参与全球竞争的结果。目前，全球经济进入缓慢增长阶段，各国纷纷依据外部经济形势和本国的实际情况调整经济结构政策或者产业政策，中国也不例外。当前，我国处于世界第一梯队的行业包括航天、高铁、高压输配电、5G、船舶、电力及互联网等，但在我国工业某些关键核心领域，仍存在"卡脖子"问题，中国制造业亟须有效创新机制。尤其是在技术水平相对落后、经济效益逐渐下滑的情况下，怎样促进传统产业升级和新兴产业成长，推动经济持续增长，是中国经济发展的迫切任务。综合而言，中国技术创新水平相对落后的原因可能有：第一，由于早期研发投入重视度不够，致使中国技术创新的前期基础薄弱，各种设施发展较为落后；第二，尽管中国近年来的研发投入增加显著，2019年中国研发投入总额仅次于美国和日本，但鉴于科技创新从研发投入到成果转化具有一定滞后性，创新发展进程仍然较为缓慢。

1.1.2　国际专利申请情况

近几年，中国的专利数量和质量均有了较大的提升，在国际专利申请方面也取得了一定的成绩，申请数量处于领先地位。2019年，全球通过国际申请的专利合作条约（Patent Cooperation Treaty，PCT）专利总数为265800件，美国占22%、日本占20%、中国占22%，美国授权专利数与申请专利数之比为41%，中国为22%、日本为16%。[①] 虽然2019年美国、中国、日本三个国家的通过PTC途径申请的专利数占比差别不大，但是从授权专利数与申请专利数之比来看，美国是中国的近2倍。产生这一现象的原因可能为：第一，三个国家都重视研发投入与技术创新，故申请专利数量差别不大；第二，美国有较好的研发基础和创新的能力，其研发投入

---

① WIPO专利数据库，2021年3月查询。

获得技术创新的程度或者先进性高于其他两个国家，因此其授权专利数与申请专利数之比高于中国和日本；第三，美国有较为完善的专利管理与保护体系，其专利申请获得授权的概率高于中国和日本。

1.1.3　研发投入占比情况

2019 年，欧盟工业研发投资记分牌统计了全球各国的研发投入和产出的数据，相关数据分析的结果如图 1－1 所示。在全球研发投入总额前 2500强企业中，排名前 50 强的企业中欧洲有 17 家、美国有 22 家、日本有 6家，而中国仅有 2 家企业，分别为华为（全球第 8）和阿里巴巴（全球第28）。前 2500 强的企业中，排名前 50 强的企业研发投入总额占比达到39.8%，排名前 100 强的企业研发投入总额占 52.2%。从全球企业研发投入比较来看，中国单一企业的研发投入总额相对较低，前 50 强的企业中，中国仅有 2 家企业，为美国的 1/10，中国单一企业的研发投入总额与日本相比也有一定差距，中国的研发投入仍处于追赶状态。同时，前 100 强企业的研发投入总额都比较高，其研发投入总额在前 2500 强中占比达到了半数以上。

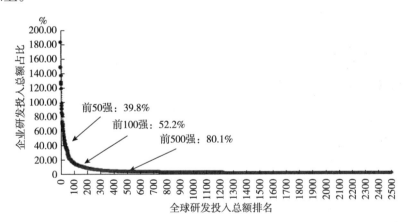

图 1－1　2019 年全球战略新兴产业研发投入前 2500 强企业排名整体情况

（资料来源：2019 年欧盟工业研发投资记分牌）

根据全球研发投入前 2500 强的企业数据，2014 年，美国、日本、中国企业的研发投入占比分别是 38.2%、14.3%、5.9%，2017 年占比分别是

37.2%、13.6%、9.7%，而 2020 年占比分别是 37.8%、12.2%、15.5%，这表明：（1）由于美国企业的持续性高研发投入，整个研发体系有较好的积累和基础，因此其企业的研发投入高于日本和中国，占比居第一，且保持稳定；（2）日本企业的研发投入在近几年有缓慢的下降趋势，与其越发低迷的市场经济有关；（3）中国企业在近几年研发投入虽然有了很明显的提升，2020 年已超过了日本企业，但只达到了美国企业的 41%，创新支持力度仍需提升，激励研发创新的政策仍然需要结合时代和全球发展进行调整。

1.2 研究意义

因为科技成果转化在企业内部发生最节约交易费用，所以引导企业增加研发投入获得创新成果，然后在企业内部进行成果转化是提升整体创新的关键路径之一。创新的体现形式很多，如发表的文章、专利、商业秘密、技术转移产业化等，只有产生经济效益的创新才是促进经济增长的原动力，而发明专利则是表明研发投入有效、创新发展有力的重要体现形式。从研发投入的决策到最后经济收益的实现是个复杂的过程，这个过程受到研发投入的需求、专利的保护制度、专利的质量和技术价值、产业化的环境、经济发展水平和行业政策等一系列因素的影响。而从申请到最后能够成果转化的专利数与专利申请总数的比例维持在较低水平，究竟哪些是影响专利申请、转化和应用的关键因素，是值得探究的课题。本书通过多种方法探究了研发投入对经济增长的影响及专利活跃度在其中存在的作用机制，既具有理论价值，也具有实践价值。

1.2.1 理论意义

本书在内生增长理论中引入专利活跃度及其影响因素，分析了专利活跃度对研发投入与经济增长的作用。过往文献一部分集中于在内生增长理论分析框架下对技术创新与经济增长关系的分析和探索；而另一部分集中于讨论研发投入与专利产出之间的关系。只有少数文献关注专利与经济增长的关系，但其分析仅局限于专利申请数量的研究。目前，尚未有明确将专利活跃度、研发投入与经济增长纳入统一的内生增长理论模型分析框架的研究。因此，本书的研究视角为拓展内生增长理论分析框架提供了依据。

本书设置的理论模型是在新内生增长经济模型的基础上结合研发投入和专利活跃度的现实情况进行了一定的调整，通过对 2009—2019 年 45 个国家的研发投入、专利活跃度对经济增长的影响进行实证分析，在研究专利活跃度中介效应时，本书进一步对影响专利活跃度的 20 个二级指标进行分析归类，将其分为申请活跃度、价值活跃度、转让活跃度三个子活跃度，并通过熵权法获得专利活跃度得分和各子活跃度得分，探究了总专利活跃度以及各子活跃度在研发投入促进经济增长过程中的中介作用机制，提供了对于专利活跃度、研发投入及经济增长影响研究新的视角及实证分析方法和工具。

1.2.2　现实意义

本书选取了包括中国、美国、日本、法国、德国、英国、印度等在内的 45 个国家为研究样本，对其 2009—2019 年的数据进行研究和分析，同步控制了产业集群发展程度、员工培训程度、海关关税、买家成熟度等因素，研究了研发投入对经济增长的影响，结合专利活跃度中介效应、专利活跃度的门槛效应等进一步分析。本书具有一定的现实意义：第一，对分析全球不同国家研发投入政策制定、平台搭建、系统优化有一定的借鉴意义；第二，在中国制定重点发展的战略新兴产业中各产业的政策时能够给予借鉴作用；第三，为国家制定专利尤其是发明专利激励措施和政策、专利贸易策略和条款时提供参考；第四，全球各战略新兴产业的异质性研究，便于企业了解本行业其他企业的实力，并为企业增加研发投入提升竞争力、增强技术创新能力和实力提供了可预见的发展方向；第五，对地区及企业制定研发投入战略以及对专利的各种活跃度的把控有较强的指导意义。

1.3　研究内容

创新是推动国家经济实力发展、建设现代化经济体系、提升综合国力的有力保障。而究其根本，研发投入是促进创新发展的关键因素之一，各国均根据本国国情制定了符合本国发展的增加研发投入的战略和政策，将更多的资源倾斜于战略新兴产业，以促进研发投入强度的增加和创新能力的提升。企业、大学、科研院所在进行研发投入之后，希望能获得相应的创新成果，专利则是衡量研发投入成果的一种方式，既是研发投入获得回报的有效途径，也是促进经济发展的重要手段。当前，面对新冠疫情的暴发后各国的经济形势、技术迭代迅速等越来越复杂的环境，如何更合理地为研发提供资源保障、为研发方向提供政策支持、让专利具有生命力是亟须探讨的问题。因此，针对研发投入、专利活跃度分别与经济增长的影响关系，本书主要进行了以下几个方面的研究。

1.3.1 研发投入对经济增长的影响

本书在内生增长理论框架下对研发投入与经济增长的相关理论进行推导，进而选取了经济合作与发展组织（Organization for Economic Cooperator and Development，OECD）和《区域全面经济伙伴关系协定》（Regional Comprehensive Economic Partnership，RCEP）的成员国、俄罗斯和印度共45个国家2009—2019年的面板数据为研究样本，对研发投入对经济增长的影响进行回归分析，并对回归模型进行稳健性检验和内生性检验，针对仅属于OECD的国家和仅属于RCEP的国家进行异质性分析、对发达国家和发展中国家进行异质性分析、对不同战略新兴产业之间的异质性分析。

1.3.2 专利活跃度机制探究

本书通过包含申请活跃度、价值活跃度、转让活跃度三个一级指标在内的共20个指标进行熵权法计算得到综合专利活跃度和各子专利活跃度的得分，从而探究专利活跃度与各子专利活跃度在研发投入促进经济增长中的中介效应。具体子指标计算过程为：一是申请专利活跃度，对影响专利申请活跃度的年度专利数合计、每百亿美元GDP申请专利总数、专利申请的总数、在有效期内的专利数、获得授权的专利总数、非居民申请的授权专利数占比、专利的简单同族个数7个二级指标进行熵权法计算；二是专利价值活跃度，对专利价值度星级、专利技术的稳定性、专利技术的先进性、专利的保护范围、专利家族引证次数、专利引证次数、战略新兴产业专利占比 7 个二级指标进行熵权法计算；三是专利转让活跃度，对专利转让的知识产权保护、贸易关税、专利进口额占比、专利出口额占比、专利被引证次数、专利家族被引证次数 6 个指标进行熵权法计算。进一步比较分析四大战略新兴产业的研发投入对经济增长的促进作用的异同。最后，利用中国、美国、德国、法国、西班牙 5 个国家在一定时期内的数据进行了专利转让数的中介效应的拓展研究。

本书在研究专利活跃度对研发投入促进经济增长方面存在的中介效应后，进一步探究了专利活跃度在其中的门槛效应。通过研究不同门槛值的情况下研发投入对经济增长的影响的程度差异性，为研发投入提出更为精准的政策建议。同时根据显著存在的双门槛值，将研究的样本国家划分为低专利活跃度国家、中等专利活跃度国家、高专利活跃度国家；并根据国家的战略新兴产业的专利活跃度将产业划分为高专利活跃度产业和中专利活跃度产业。

1.4　研究思路和方法

1.4.1　研究思路

本书重点研究了研发投入对经济增长的影响，以及专利活跃度的中介效应和门槛效应。全书从理论和实证两个层面进行分析，在理论推导后通过 45 个国家数据、4 个战略新兴产业数据进行了相应的验证和分析。最后通过中国、美国、法国、德国、西班牙 5 个国家在 2009—2019 年的专利进口和出口的转让次数和占比数据回归分析再次印证本书的研究结论，具体文章思路见图 1 - 2。

研发投入的成果之一是专利，较高的专利活跃度，是研发投入获得成果转化收益的重要保障，是厂商获得利润最大化的必要条件。若专利活跃度较低，转化价值低，厂商直接转化或者转让专利的可能性较小，专利会"冬眠"或者间接产生较少的经济价值，厂商利润无法实现最大化。

根据研究内容与论述逻辑，本书共分为 8 章：第 1 章为绪论，本章介绍了研究的背景及意义、研究主要内容、思路及研究方法，并指出文章的

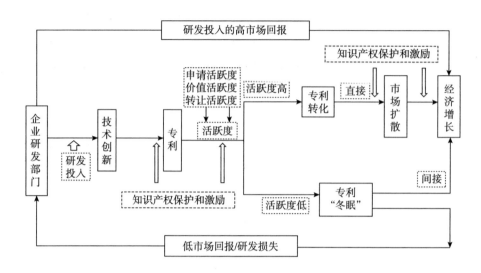

图 1-2　本书研究思路

创新点与不足；第 2 章为文献综述，梳理了研发投入与经济增长的理论演化、研发投入和专利活跃度的相关研究进展；第 3 章为理论分析与研究假说，对研发投入与经济增长的关系，研发投入与专利活跃度的关系、研发投入和专利活跃度与经济增长的关系进行模型构建与分析；第 4 章为世界主要国家研发投入与专利活跃度现状，讨论了研发投入与专利活跃度之间的现状；第 5 章为实证分析，通过 45 个国家的 2009—2019 年的数据对研发投入对经济增长的影响进行了实证分析；第 6 章为专利活跃度的机制分析，对专利活跃度的指标评价及专利活跃度的中介效应进行分析；第 7 章为专利活跃度的门槛效应实证分析，具体分析了不同门槛值条件下研发投入对经济增长的影响程度的不同；第 8 章为结论及政策建议。

1.4.2　研究方法

（1）熵权法：本书引入活跃度的概念，通过熵权法计算得到专利的活跃度，并将专利活跃度分解为专利申请活跃度、专利价值活跃度、专利转让活跃度这三个子活跃度，进行细分研究，可以更好地研究不同方面的专利活跃度产生的影响。

（2）理论模型法：参考现有文献中已有的理论模型，结合本书研究主题和问题的实际情况，构造适用本书的理论分析模型，运用理论模型推导法推导研发投入对经济增长的影响，明晰研发投入、专利活跃度与经济增长的关系。

（3）计量分析法：主要包括双固定效应模型、工具变量法、异质性分析、中介效应分析和门槛效应检验等。

双固定效应模型：结合理论分析构建的模型进行相应的实证分析，数理模型能够从理论层面阐述研发投入对经济增长的影响，但从实质层面这涉及多种因素，因此，在理论模型分析的基础上本书进一步构建计量模型，选用双固定效应模型检验研发投入对经济增长的影响、专利活跃度对经济增长的影响、专利活跃度在研发投入对经济增长影响中的中介效应和门槛效应。

工具变量法：本书的基准回归检验中用到了固定效应回归模型，固定效应模型可以缓解部分内生性问题，但是对于本书可能存在的互为因果的内生性问题，固定效应模型难以克服。因此，本书选择研发投入与其均值差值的三次方构造工具变量，进一步采用2SLS进行估计，在尽可能减少模型中存在的内生性问题的同时，也表明了基准模型估计结果的稳健性。

异质性分析：本书在整体分析的研发投入对经济增长的影响后，对发展中国家和发达国家的研发投入对经济增长的影响分别进行异质性分析，对仅属于OECD的国家和仅属于RCEP的国家的研发投入对经济增长的影响进行比较分析，对不同战略新兴产业的研发投入对经济增长进行比较分析，为鼓励研发投入提出更为合理的政策建议。

中介效应机制分析：本书在探究研发投入对经济增长的影响时，对样本数据进行研发投入对经济增长的直接影响的回归分析后，进一步研究专利活跃度在研发投入影响经济增长过程中存在的中介效应机制，并对申请活跃度、价值活跃度、转让活跃度各自的中介效应进行比较分析。

门槛效应检验：本书在研究专利活跃度的中介效应时，希望能够研究不同区间的专利活跃度下研发投入对经济增长的中介效应的区别，因此进行了门槛效应检验，更好地研究专利活跃度中介效应的有效影响范围。

1.5 研究创新点与不足

1.5.1 研究创新点

根据本书的研究目标和选定的研究对象，分别从理论和实证两个角度出发，探究研发投入对经济增长的影响。首先，本书通过将专利活跃度引入内生增长模型，讨论专利活跃度对研发投入及经济增长的影响，拓展了内生增长理论的研究视角。其次，通过熵权法得到专利活跃度，并通过实证分析研究专利活跃度对经济增长的影响机制。最后，通过实证分析研究了专利活跃度与专利三个子活跃度对经济增长的中介效应。此外，结合中国、美国、德国、法国、西班牙5个国家的专利实际转让次数再次进行中介效应的机制检验，异质性分析了专利转让对经济增长的影响机理，全面地分析了研发投入与经济增长、专利活跃度在研发投入与经济增长过程中的中介效应。综合上述的文章写作思路，本书可能的边际贡献如下。

活跃度指数是相对竞争优势指数演化而来的，Frame（1977）将活跃度引入计量学领域的研究。本书将专利活跃度分为专利申请活跃度、专利价值活跃度和专利转让活跃度三个子活跃度。

专利申请活跃度是从专利申请的角度判断不同国家专利申请的情况，为了更为详尽研究各种申请的情况，本书选取了6个与申请相关的变量：年度专利合计数、每百亿美元 GDP 申请专利总数、专利申请数、有效专利数、专利授权数、非居民授权专利数占比，通过熵权法对以上指标进行测算可以衡量样本国家的专利申请活跃度，作为专利活跃度的考核指标之一。

专利价值活跃度是从专利价值的角度，选取专利同族、价值度星级、技术稳定性、技术先进性、保护范围、家族引证次数、引证次数、战略新兴产业专利占比8个指标进行熵权法测算得到价值活跃度得分。

专利转让活跃度是专利通过转让方式获取经济效益的有效途径。本书选取了专利保护、贸易关税、专利进口额占比、专利出口额占比等6个指标，以熵权法测算得到转让活跃度得分。

最后对包含三个子活跃度的20个指标进行熵权法测算得到专利活跃度

得分。同时，在微观层面通过四大战略新兴产业的数据进行实证分析支持了前文的分析结果。本书还通过对 2009—2019 年中国、美国、德国、法国、西班牙 5 个国家的专利转让数据进行了中介效应检验分析。

1.5.2　不足之处

关于研发投入对经济增长的影响、专利活跃度对经济增长的影响研究中还有诸多局限性。

（1）理论研究的深度不够。本书在理论分析方面较为基础，文献阅读量可能有所欠缺，因此在理论研究和理论模型方面有待深入。

（2）研究数据量偏少。本书选取 45 个国家 11 年的数据作为研究样本，战略新兴产业选取了四大产业，数据量稍显不足。尤其是尚未找到足够的专利成果转化的数据，因此仅采用了中国、美国、法国、德国、西班牙 5 个国家在 2009—2019 年的实际发明专利转让数据。

（3）研究年限较短。研发投入的数据和专利数据选取年份仅能收集到 2019 年，由于新冠疫情等原因，很多数据库更新放缓，最新数据较难获得，而专利本身是创新的成果，代表最前沿的技术和方向，因此研究的年限有待于进一步扩展。

第2章 文献综述

稳定充足的研发投入是确保企业创新具有持续性的关键因素，而创新是经济强劲增长的原动力，创新成果成功转化为商品或服务是获取收益且维持收益长期稳定增长的重要途径和战略定位。因此，创新如何转化为持续稳定的收益，是经济长期发展的根本。本章从研发投入与经济增长理论的研究演化出发，梳理了技术进步、技术创新到企业研发投入与经济增长理论的发展脉络，厘清研发投入、专利活跃度影响因素研究的成果，并探讨内生增长理论下将专利活跃度、研发投入及经济增长纳入统一分析框架的可能性。

2.1 研发投入与经济增长的理论演化

研究开发是一种创造过程，研发的起点既可能是零，也可能是过程中的某一点。从零开始的研发过程包括早期研发阶段的投入与创新产出、研发中试阶段的投入与创新产出、研发成功阶段成果的转化与应用。从过程中某一点开始的研发过程，既可能是研发内容的增加，也可能是研发方向变化或者研发问题的深度探究。穆荣平等（2017）认为，研发投入是进行技术创新过程的投入，这个技术创新过程是包括科学、技术、经济、社会和文化等多种价值在内的创造和创新过程。

从古典经济学到新古典经济学再到新增长理论，对技术创新与经济增长关系及作用机理的探讨不断深入，经济学家在不同理论框架下得出同样的结论：技术创新推动经济增长。本节将对研发投入与经济增长理论的研究脉络进行梳理，划分为三个阶段：第一，在古典经济学框架下，由劳动分工所致的技术进步与国民财富增长的理论研究；第二，在新古典经济学框架下，传统新古典增长理论与新古典内生经济增长理论对研发投入与经济增长关系的探讨；第三，在新制度经济学分析框架下，企业行为与研发投入及经济增长之间关系的研究。

2.1.1　劳动分工与经济增长理论研究的萌芽阶段

古典及早期新古典研究阶段，以劳动分工为基础，将劳动分工等价于技术进步，讨论劳动分工在组织内部所引起的组织与技术的变化，以及在组织间所引起的经济结构变化。古典经济学家斯密（1776）最早将劳动分工视为技术创新的一种机制，它能够提高劳动生产率，从而实现国民财富的增加。新古典理论创始人马歇尔（1890）在新古典理论中的劳动分工的基础上引入人力资本的投入，并在完全竞争和收益递增框架下讨论由劳动分工而导致的技术进步与经济增长之间的关系。Young（1928）吸纳了马歇尔的论断，在此基础上提出生产迂回的概念，并在动态分析框架下揭示了劳动分工与持续国民财富增长的关系。但这一时期，经济学家并没有明确指出技术创新与经济增长之间的关系。

2.1.2　技术进步与新古典增长理论

熊彼特（Schumpeter）创造性地提出技术创新与经济增长的关系，从此，新古典增长理论与新熊彼特主义两大流派围绕技术进步与经济增长展开了讨论。新古典增长理论最大的贡献在于承认技术进步对经济增长的作用。新古典增长理论框架以竞争性市场为前提假设，最先提出增长理论模型——索洛模型（Solow，1956），但该模型将技术作为外生设定，从而专注于表达资本积累的作用。因此，新古典增长理论的研究成果并未阐明技术进步与经济增长内在作用机理，也无法解释影响技术创新的因素及机制。Romer（1987）、Segerstrom（1990）、Grossman and Helpman（1991），以及Aghion and Howitt（1992）等开创性研究，将"创新"视为技术进步的内在驱动力，以报酬递增为前提，探讨技术创新与经济增长的关系。他们将研发投入纳入分析框架，强调研发对经济增长的作用。以 Romer 为代表的新古典内生增长理论学者将技术进步内化于经济系统，拓展了传统新古典的观点，解释了规模报酬递增的原因。

2.1.3 研发投入与制度理论

新古典增长理论的最大贡献在于撬开了技术进步的"黑箱"，将技术进步内置于经济系统。但是，建立在边际生产力基础上的新古典理论忽略了制度的内生性问题。同时，新古典假定企业是同质化个体，企业内部构造和行为与外部制度因素被完全排除在分析框架之外。然而，企业是异质的，制度对于经济增长也并非无关宏旨。以 Coase（1937）和 North（1990）为代表的制度学派开启了企业的"黑箱"，并指出制度对于长期经济增长的关键作用。制度主义学者强调，将制度外生的宏观经济模型是无效的。制度经济学派在新古典成本—收益分析范式的基础上，以交易费用和产权制度为核心，探讨技术创新活动中的信息不对称及外部性，将与技术创新相关的知产保护、融资及合作相关制度与企业技术创新成本和收益紧密连接在一起。

在新制度主义理论的基础上，学者更关注社会制度与历史演化路径对研发投入的影响。Freeman（1974）和 Nelson（1993）等提出"国家创新体系"的概念，国家创新体系指一系列影响技术创新和技术扩散的制度集合。Patel（1994）关注技术扩散，认为国家之间的贸易有助于技术的国际性扩散。Lundvall（1992）则从企业内部、企业之间、企业与科研机构之间、企业与客户之间的耦合关系进行论述。

2.2　研发投入相关研究综述

2.2.1 研发过程和研发投入

研发投入是研究和开发费用的加总，国际会计准则中研究和开发费用包括人员雇佣成本以及培养费用、研发过程中的设备与原材料费用、因研发需要而购置的不动产费用、专利成果转化过程中需要用到的厂房和设备的维护费用和折旧费用等。现有研究表明，研发投入的决策过程和实际投入的过程受到多种因素的影响。例如，余伟婷和蒋伏心（2017）认为，政府对企业研发投入的直接支持，对企业研发起到杠杆作用，且杠杆作用存在区域差距；曾江洪等（2020）提出知识产权保护能够显著正向调节高科技企业研发投入。

此外，厂商在进行研发投入决策时还会受到政府政策的影响，如果政策倾向鼓励企业进行研发投入，则厂商的研发投入力度会随之加大，如邹洋等（2019）认为，政府补贴促进企业研发投入的增加。也有学者认为知识产权预期报酬或者前期融资情况及政府服务会影响厂商的研发投入，如廖开容和陈爽英（2011）认为，政府服务可以促进民营企业的研发投入增加，这也说明政府服务对民营企业研发投入决心存在影响。严若森和姜潇（2019）通过研究发现企业研发投入还受到融资约束程度的影响。李后建和张宗益（2014）研究发现地方政府管理者的任期与管辖范围内的企业的研发投入呈显著的倒"U"形曲线关系。

2.2.2　研发投入、企业盈利能力与经济增长

研发投入可以通过提升企业盈利能力来促进经济增长，而企业盈利能力的提升包含多个因素的影响。首先，研发投入影响企业投资回报率。研发投入能够促进技术转让（Hu et al.，2005），提升大于固定资产回报的工业研发投入回报（Jefferson et al.，2006），从而实现投资回报率的提升（解维敏和唐清泉，2011）。其次，研发投入能够优化产业结构，从而从宏观层面促进企业盈利能力的提升。饶萍和吴青（2017）认为，研发投入对传统产业结构逐步的合理化产生了正向和积极的推动作用。再次，研发投入能够提升企业全要素生产力水平。Cinnirella and Streb（2017）认为，研发投入可以通过提高劳动生产率，从而实现企业整体效率的提升。昌忠泽等（2019）发现，研发投入的增加可以增强自主创新能力，从而降低企业的生产成本提升效率。Bravo et al.（2011）通过对 1995—2005 年 65 个国家或地区的企业进行研究，发现样本国家的企业每增加 10% 的研发投入就能提升 1.6 个百分点的全要素生产率水平。最后，也有学者从研发投入增加可以提升研发效率的角度进行研究，如余子鹏和王今朝（2018）提出，研发投入增加可以显著提高研发效率。

企业进行研发投入的最终目的是获得较多的利润，进而促进国家经济的增长。Sougiannis（1994）研究发现，研发投入对盈利能力的提升有影

响，杜勇等（2014）以中国企业为样本进行研究并得到了与 Sougiannis 相同的观点，企业研发投入强度越大，盈利能力越强。Roberts（1995）认为，研发的新产品对销售业务有正向影响，增加研发投入可以提升企业的销售业绩或盈利能力。Sylwester（2001）进一步研究了研发支出与经济增长之间存在正相关关系，即研发投入可以有效提升人均实际 GDP。当一个地区没有研发投入时，其经济长期均衡增长率将为零（Batabyal and Beladi，2016）。郭秀强和孙延明（2020）提出，研发投入对企业市场绩效也有显著正向影响。此外，Hu（2015）提出在技术赶超的过程也需要有意识地进行研发活动的投资。

2.2.3　研发投入的企业内部影响因素

（1）企业规模与研发投入的相关性

熊彼特（Schumpeter，1942）指出，市场中处于垄断位置的企业更具有承担技术创新风险的能力。Fisher and Temin（1973）进一步说明大企业在投入研发的资金与人力方面较小企业更具优势，因此，企业规模影响企业的研发投入。但也有部分学者的研究得出了相反的结果，Scherer（1965）以营收额表示企业规模，发现其与研发投入呈现负相关关系。而 Prais（1968）的研究却得出了企业规模与研发投入之间并无显著相关性的结论。事实上，后来学者的研究成果更倾向于企业规模与研发投入存在非线性关系。大量对美国行业数据进行研究的成果指出，这种关系呈现倒"U"形，且行业之间也存在一定的差异（Howe et al.，1976；Bound，1984）。我国学者吴延兵（2008）则通过对制造业的分析，得出了二者之间非线性关系的结论。

（2）企业治理结构与研发投入的相关性

自企业"黑箱"被打开，经济学家开始关注企业管理层规模、决策模式以及激励机制对研发投入的影响。有学者发现，管理层的规模对研发投入的影响是非线性的，管理层规模过大，产生大量的内部交易费用而导致效率降低，而管理层规模过小，则存在监督困难（Lipton et al.，1992）。还有学者从 CEO 的报酬机制出发，研究其对研发投入的影响，并认为激励强度与企业研发投入水平之间存在正向关系（Zahra et al.，2000），在委托—

代理理论和过度自信的分析框架下，股权激励手段可能会对研发投入产生正向影响（杨勇等，2007）。还有研究针对股权集中度对研发投入的影响，股权集中度有可能降低研发投入（沈毅等，2020），但有些研究则得出了相反的结论（王莉莉等，2021）。不确定性和信息不对称是技术创新所面临的最大问题，因而 Scherer et al.（2001）指出，研发投入要求较高的回报率作为风险收益。

2.2.4　研发投入的企业外部影响因素

1. 市场结构与研发投入的相关性研究

熊彼特最早观察到市场结构对研发投入的影响。但市场结构对研发投入的影响并非直接的，当前学者对相关性的验证并不能提供明确的支持证据。一些学者致力于探讨市场集中度对研发投入的影响，但得到的结果解释力较弱（Horowitz，1962；Hamberg，1966）。Scherer（1967）提出倒"U"形关系，但在随后的验证过程中并未得到支持（Kelly，1970）。国内文献也分别从市场集中度（朱卫平，2011）和市场势力（朱恒鹏，2006；王贵东，2017）进行研究，但到目前为止，并未获得较为一致的结论。

2. 政府政策与研发投入的相关性研究

在研发投入过程中，企业常常面对技术创新外部性导致的创新激励不足问题，鉴于此，政府通常采用补贴及税收优惠等政策干预研发投入。政府政策干预的研究包括关于政府补贴政策的研究，一些学者所获得的结论表明，政府所提供的研发补贴能够促进企业进行研发投入（邹洋等，2019）。

3. 社会制度环境与研发投入的相关性研究

社会制度环境对研发投入的影响主要集中于知识产权制度、法律法规及政府治理情况等研究。大量研究关注知识产权保护问题，并将其作为研发投入的重要影响因素。知识产权保护为申请者提供一定时间及范围的垄断优势，从而促进企业的研发投入（Varsakelis，2001）。有学者研究发现，知识产权保护力度对企业研发投入呈显著正效应，也有学者发现二者呈现倒"U"形关系（廖开容和陈爽英，2011；曾江洪等，2020）。而法律法规方面，减少企业面临不确定性的法律法规有助于企业进行研发投入（潘越，2015）。

2.3 专利活跃度相关研究综述

"专利"（Patent）一词最早由拉丁文"Litterae patents"演变而来，其是给创新者一定期限的垄断权，是一种对鼓励创新的系统性激励机制（North，1990），用于弥补创新过程中投入的费用和精力。同时，获得由独占市场带来的垄断收益。每个国家根据本国实际情况对专利进行界定，彼此对专利的定义略有不同。专利属于知识产权的一种，该界定源于1994年签订的《与贸易有关的知识产权协议》（Agreement on Trade – Related Aspects of Intellectual Property Rights，TRIPs）。

活跃度指数（Activity Index）源于经济学领域，最早是对相对竞争优势的一种刻画。Frame（1977）在计量学领域首先对活跃度指数进行界定和研究，他用活跃度指数来衡量组织在某个领域的相对竞争优势，之后活跃度指数开始被用于科研竞争优势方面的研究。Garg and Padhi（1999）率先将活跃度引入激光领域，并用活跃度进行该领域的科研竞争优势分析。徐志玮等（2011）引入活跃度概念，比较亚洲和西方国家在科学领域的不同，同时进行活跃度的影响力分析。陈果（2014）采用类似方法以机构特色关键词为对象更为深入地研究科研机构的差异，对科研机构的发展和定位有指导意义。

2.3.1 专利申请活跃度

专利申请指一个组织或者个人通过各种可以申请专利的途径对本国的专利技术提交申请的行为，专利的有效期通常为专利申请日至之后的第20年。张乃根（2022）关于RCEP的论述中指出，关于专利条款的"专利宽限期"是中国目前签订的唯一的关于专利申请新颖性宽限期的条款。曾闻等（2020）认为，专利申请受到产业发展阶段的影响，不同产业的不同发展阶段，专利申请特点各不相同。专利授权指专利申请后，专利审查机构通过提前设定好的专利审查标准，按照相应的审查流程和操作步骤，由专业的专利审查工作人员和审查系统对各国提交的专利进行审查和对比分析后进行评判的结果，通过则给予专利授权。

专利家族分为狭义和广义两种，狭义的专利家族是个集合的概念，指一件专利申请后又在不同国家申请的一组专利；广义的专利家族则指一件专利申请后又以此专利为核心衍生的不同技术深度和广度申请的专利，包括分割申请、连续申请与部分连续申请等。

2.3.2 专利长度与宽度

专利长度指从专利申请开始，整个专利寿命周期的具体时限。根据TRIPs 协议，发明专利的保护期限一般为 20 年，各国专利长度比较结果如表 2 - 1 所示。最佳专利长度分析的开创性研究是 Nordhaus（1969），他在局部均衡模型中考虑了创新的社会效益与垄断扭曲的社会成本之间的权衡。Judd（1985）、Iwaisako et al. （2003）、Futagamiand（2007）以及 Acemo-gluand（2012）在后续研究中继续探索了动态一般均衡模型中的最佳专利长度。Judd（1985）发现无限专利长度是通过消除相对价格失真来实现的，而 Iwaisako et al. （2003）以及 Futagamiand（2007）的研究发现，由于存在额外的扭曲，最优专利长度是有限的。钱坤等（2020）研究交易情景专利价值时发现专利属性变量对专利价值具有正向影响。

表 2 - 1　　　　　　　　　　专利长度比较

国家	保护期限（年）			备注
	发明	实用新型	外观设计	外观设计
中国	20	10	10	申请日
美国	20		14	发证日
日本	20	10	20	注册日
德国	20	10	20	申请日
英国	20		25	申请日
法国	20	6	50	申请日
加拿大	20		10	申请日
意大利	20	10	15	申请日
韩国	20	10	15	注册日
马来西亚	20	10	15	申请日
新加坡	10		15	申请日

相对而言，专利宽度研究的学者较多。专利宽度一般指专利保护范围，也是对侵权行为的惩罚力度，学者多以企业专利知识宽度等作为衡量创新能力的因变量，研究发现专利宽度与专利价值之间存在显著的正相关关系。以下，本书对专利宽度补充几点说明。首先，关于专利宽度的量化界定指标。Klemperer（1990）最早将产品的差异化程度等价为，专利的宽度进行研究。Gallini（1992）认为，专利保护宽度是非侵权情况下的模仿成本。其次，学者将专利宽度纳入模型进行研究，如 Li（2001）、Goh et al.（2002）、Donoghue et al.（2004）和 Chu（2011）将专利宽度纳入动态一般均衡（Dynamic General Equilibrium，DGE）经济增长和创新模型中，并对其影响进行探讨。最后，专利宽度是专利质量的代表，从而可以促进企业价值和绩效的提升。王叶等（2022）证明专利价值度越高对出口促进作用越大。赵忠涛等（2020）认为，企业的专利质量对企业价值存在正向影响。

2.3.3 专利转让活跃度

随着全球经济的一体化，国际贸易比较优势从自然资源、劳动力等要素禀赋优势逐渐转向为知识和技术等高附加值要素禀赋优势。鉴于发明专利贸易体现了创新链、技术链、产业链、区域或全球市场链的有效衔接，是知识、技术创新成果转化、人才培养的重要渠道，发明专利的贸易一般具有较高的技术属性、知识属性、时效性、地域性的特点，是保障各国经济发展的关键因素。

专利活跃度指标，本书定义为与专利相关的申请、授权和转让等整体因素的组合。只有在一定的专利保护制度下，具有专利长度、专利宽度和高价值的专利，才有进出口的价值。专利就像"种子"，种子储存在仓库里，永远是种子，如果播种到合适的土壤里，会有丰硕的果实。专利的活跃度是对将"种子"从仓库播种到合适的土壤并收获这一过程的度量，这一过程包括了专利的学术化引用、市场化的自用、转让、授权、实施和许诺等，其代表的研究学者有吴凯（2010）、刘伟（2016）等。陈昌柏（2004）对"专利效用"展开研究，提出相同的专利，若其使用者不同也会产生不同的效应。李盛竹（2018）认为，高校的研发投入对专利产出的影响显著。冯晓青（2014）提出大型企业更容易将知识产权作为资本进行量化处理。

《中华人民共和国促进科技成果转化法》第十六条规定，专利转化包括自行投资实施转化、转让、许可、合作实施、作价入股以及其他转化方式。专利转移转化指数（PTI）是主要基于中国专利调查数据编制、反映中国专利转移转化活跃变化情况的综合指标。PTI 以有效发明专利产业化率为主要指标，通过 8 项分项指标数据年度变化情况标准化并加权求和而成。专利技术转让受到外部环境影响，肖国华等（2013）认为，中国的专利转让会受到经济大环境的影响。《中华人民共和国专利法》第十一条中规定，专利实施率指已经实施的专利件数占拥有的有效专利数量的比例。

专利许可是创新成果进行技术转移转化的重要模式之一，对创新成果转化、创新技术产业化和经济发展具有重要意义。专利主体通过专利许可能够收回一定的研发成本，使研发主体的研发活动实现良性循环，被许可方通过技术许可能够获取技术，从而降低研发风险与成本。普通专利许可能够同时存在多个被许可人，而排他许可与独占许可则具有排他性，具体而言，排他许可排除第三方使用，而独占许可排除第三方及专利权人使用。刘佳和钟永恒（2021）探究了科创板专利许可技术专利特征，发现科创板的企业专利许可参与度较高，但是技术转移速度慢。

专利转让是专利转化的重要研究指标，影响专利转化的首要因素是经济因素。Allison et al.（2003）认为，专利权所属人可以通过对转让专利入股获得利益，因此高价值或高质量的发明专利是吸引市场资本投资的重要因素。Kelley（2011）针对专利交易中的成本问题进行了深入剖析。蔡凯和程如烟（2018）通过研究京津冀区域中城市间的现有技术转移，也发现了城市间专利技术的转移关系较为松散。王珊珊和周鸿岩（2021）通过 10 家企业的跨国专利合作发现创新型企业跨国合作专利不多，不到这 10 家企业总授权专利数的 1%。现有专利合作多为两两合作，学者研究发现专利合作主体国别与企业国际专利布局和同族专利分布国家有较大关联。

专利被引用指专利被其他专利引用的平均次数，其可受多个因素的影响。首先，行业因素能够影响专利被引用。周维和李睿（2016）以制造业行业为研究对象，研究了跨行业专利引用率与企业排名之间的关系，发现彼此间的显著相关性。王建华和卓雅玲（2016）发现化学类专利自引用频次高于医药类和机械类。其次，地理因素也可以影响专利被引用的情况。蔡虹等（2010）研究指出，地理距离与跨国专利引用存在显著正相关关系。最后，市场竞争因素也是影响专利被引用的因素之一，方志超等（2015）认为频繁引用代表了企业间激烈的技术竞争。

专利贸易是专利在不同主体之间的交易和转让。杨林燕和王俊（2015）认为，可以通过支持研究与开发和增加进口贸易等途径来提升中国出口行业的技术复杂度。Kogan et al.（2017）认为，专利的授权可以增加上市公司股票的交易活动。顾晓燕等（2018）提出知识产权出口可以促进经济增长的观点。

2.4　研发投入与专利活跃度研究进展

2.4.1　研发投入与专利

厂商进行研发投入的目标是获得创新成果，然后通过成果转化以获取经济效益，当前，关于研发投入对专利产出的影响成果较多但结论不一。一方面，部分学者研究发现研发投入增加可以促进专利产出的增加。饶凯等（2013）的研究表明，科技经费投入能够显著促进地方高校专利技术转移数量。尹志锋等（2013）认为，增强企业研发投入能增加专利保护的意识和强度，防御性专利也可能随之增加。黄世政（2015）认为，研发投入与专利数正相关。陈战光等（2020）提出研发投入增强能够显著提升企业创新质量。李燕（2020）的研究表明，企业通过增加研发投入鼓励专利申请能够给企业市场价值带来正向促进作用。另一方面，部分学者认为研发投入对专利产出影响并不显著。Janger（2005）研究发现，奥地利的研发效率与专利产出仅处于平均水平。朱平芳和徐伟民（2005）提出研发支出对专利产出有滞后性，专利产出是关于科技经费支出时间的函数，且该函数存在最大值。

此外，还有部分学者认为研发投入对专利产出有不确定性的影响，可能的原因是研发投入成果具有滞后性，如刘和东和梁东黎（2006）对企业的研发（R&D）投入强度与自主创新能力进行分析时发现，不同时期研发投入对专利产出分别出现不同的因果关系。赵喜仓和任洋（2014）研究江苏省的专利与研发时发现，专利产出效率主要受自身和 R&D 投入的影响。吴玉鸣（2015）发现，专利创新存在空间邻近局域集群效应。宗庆庆等（2015）认为，知识产权保护有行业异质性的特点，在垄断行业和高竞争行业具有不同的作用效果。杨文君和陆正飞（2018）研究发现，有专利公司和无专利公司在面对上市披露知识产权资产信息时的市场反应不同。陈战光等（2020）提出知识产权保护与企业创新质量之间呈显著倒"U"形关系。祝宏辉和杨书奇（2022）认为，加强知识产权保护和自主创新投入对非专利密集型制造业的影响效果存在阶段性差异。

2.4.2　专利与企业创新能力

专利保护相关的法律法规或者制度都是为了保障厂商的利益而制定的，可以避免专利纠纷带来的损失，因此较好的专利保护在提升企业创新能力的过程中能够产生积极的促进效果。Batabyal and Beladi（2016）在研究多地区知识产权保护对经济增长影响的过程中发现，当一个地区最终消费品的产出增长率为正时，更加严格的专利保护可以有效提高该地区的经济均衡增长率。Saito（2017）通过对从事研发的最终产品部门和中间产品部门的增长模型中专利保护的效果进行研究发现，在大多数情况下，相对于中间产品部门而言，加强专利保护可能对最终产品部门的技术水平提升效果更好。胡凯和吴清（2018）研究发现，税收激励引致的额外研发支出能间接增加专利产出。肖延高等（2019）认为，企业的研发强度能够显著正向影响科技专利申请动机和数量。黎文等（2020）提出，研发支出对专利申请的影响效应正向且显著。上述研究表明，专利保护制度能够在专利价值实现过程中起到保驾护航的作用，当前随着科技和经济发展，保护制度也正在逐步得到优化和完善。

2.5 专利活跃度与经济增长研究回顾

2.5.1 专利对经济增长的促进作用

技术创新获得的专利一直是厂商研发投入期望获得的成果之一，也是企业提升收益的重要途径，因此支持专利能够直接促进经济增长的观点较多。Ulku（2003）使用 1981—1997 年 20 个 OECD 成员国的研发支出和专利申请的国际面板数据，发现大多数国家的专利申请对人均收入的增长具有积极作用。Wagner and Pavlik（2019）在研究专利集中度时发现经济自由度增加可以大大降低所有权和产品类型的专利集中度，也能够创造有利于多样化和分散创新的环境。米晋宏等（2019）提出专利数量对企业价值和营业总收入有显著的正向影响。进一步地，高质量专利更有利于促进经济高质量发展。傅晓霞和吴利学（2013）在研究研发技术差距与经济发展关系时发现，技术水平差距是决定国家之间经济发展差异和赶超过程的关键。李忆等（2014）认为，发明专利的知识离散度对企业绩效有正向促进作用。Fan et al.（2017）的研究表明，单一创新水平对矿业的经济增长能够产生显著的正向促进作用。李燕（2020）以珠三角制造业为研究对象发现发明专利能有效提高企业市场价值。任晓猛和付才辉（2020）提出，发明专利的促进效应要在发展成熟期才会对企业销售收入产生显著提升作用。孟猛猛等（2021）研究发现，专利质量提升能够有效促进经济高质量发展。

2.5.2 专利对经济增长的作用有不确定性

专利产出对经济增长的影响有不确定性的研究是从另外一个视角研究专利与经济增长之间的关系，由于专利技术的复杂性和经济增长的不确定性，专利对经济增长的影响也存在不确定性的可能。李黎明和陈明媛（2017）认为，专利制度对专利密集型产业和非专利密集型产业的经济贡献度会在经济发展水平临界点两侧发生逆转，在两侧有不同的影响，即存在不确定性。张骞等（2022）认为，专利结构只有与产业结构相适应时，才会推动经济增长并促进产业发展和全要素生产率提升。李燕（2020）研究珠三角制造业时发现，非发明专利受研发投入的影响并不显著，也不能显著提高市场价值。

2.6　简要述评

已有文献集中于在内生增长理论分析框架下对研发投入、技术创新与经济增长关系的分析。新古典内生增长理论虽然将技术创新内生化，但技术创新仍被看作一个整体，并未对技术进步的内在动因加以论述。

此外，现有研究仍存在诸多问题，主要表现在：第一，关于研发投入、专利与经济增长三者之间关系研究的文献较少；第二，专利的研究重点放在了专利的长度、宽度、专利保护制度方面，而包含专利申请数、授权数、专利技术先进性、专利技术稳定性、专利价值度星级、专利家族引用、专利贸易等的研究相对较少。

鉴于此，本书拟从以下几个方面进行分析：第一，将专利活跃度引入内生增长理论，拓展内生增长理论分析框架；第二，通过国家和战略新兴产业两个方面的数据对研发投入、专利活跃度与经济增长三者之间关系进行研究；第三，通过收集专利的申请数、授权数、专利技术先进性、专利技术稳定性、专利价值度星级、专利家族引用、专利贸易等 20 个指标来综合分析专利活跃度，从而进行深入分析和实证分析，以深入探讨专利活跃度在研发投入对经济增长的影响过程中的中介效应和门槛效应，从而为国家经济更好、更快地增长提供些许参考。

第3章 理论分析与研究假说

3.1 理论基础

新古典增长理论并未阐明技术进步与经济增长内在作用机理，也无法解释影响技术创新的因素及机制。Romer（1987）、Segerstrom（1990）、Grossman and Helpman（1991）以及 Aghion and Howitt（1992）等开创性研究，将"创新"视为技术进步的内在驱动力，以报酬递增为前提，探讨技术创新与经济增长的关系。他们将研发投入纳入分析框架，强调研发对经济增长的作用。以 Romer 为代表的新古典内生增长理论学者将技术进步内化于经济系统，拓展了传统新古典的观点，解释了规模报酬递增的原因。

3.1.1 研发投入的影响因素

具有竞争优势的厂商才能在市场上获得足够的利润，从而保持持续稳定的研发投入进行持续的创新和发展。尽管厂商进行研发投入获得创新成果的最终目标是实现利润最大化，但是研发投入的后续过程存在各种不确定性因素，因此厂商在追求利润最大化的情况下进行研发投入决策需要考虑两方面的因素。

一方面是资本相关的影响因素。第一，稳定的资金来源是长期研发投入顺利进行的保障，充足的资金成本是保障企业正常运营的"血液"。厂商在决定是否将资本投入研发创新时，同时也会考虑到企业短期的资金成本。厂商的资本包括自有资本、借贷资本、抵押资本等，无论使用何种资本进行研发投入，都存在一定的风险，因此厂商在进行研发投入决策时还应考虑资本的利率、主观贴现率等因素。Chu（2020）研究发现，利率在通常情况下是当厂商与银行产生借贷关系时的支出，当存款利率过高时，厂商也会同步思考资本存入银行后的利息收益。主观贴现率是厂商在进行一项长期的研发投入时，考虑将未来需要支付的研发总支出成本在未来预期得到收益的贴现利率。第二，人力资本是影响研发投入的核心，影响人力资本的因素较多。一是人才接受的教育程度或者培训程度，企业往往可以通过增加受教育程度或培训的深度、频次、广度来实现人力资本质量的提升；二是人才培养途径，鉴于研发投入对人才的整体素质要求较高，而大学、科研机构和企业在人才培养方面优势显著且各具特色，不仅需要具备理论基础也要具备研发思维和产业化能力，产学研合作无疑是培养高素质人才的首选途径之一；三是人才业绩评价，业绩评价的灵活性，即人才工资决定因素评价灵活性，保留人才和激发人才的潜力从而发挥其创造性的价值是人力资本管理的难点所在，因此，在当前技术高速变革的时代，提升人才业绩的评价灵活性是一种实际需求。

另一方面是创新相关的影响因素。首先，厂商的研发投入决策除了受到资金和人力两个资本因素影响，还受到厂商决策者的创新策略选择的影响，而厂商的创新策略一般有三种方式：一是跟随模拟创新，即市场上已经有了创新成果，本国或者本企业没有，由于专利技术的保护限制或者使用成本较高，选择跟随创新，购买产品进行逆向模拟，等待原创厂商的专利保护到期后再生产产品投入市场，跟随模拟创新策略在生物医药产业较为普遍；二是对现有技术或者产品改良，是介于模仿创新和原始创新之间的一种创新模式；三是原始创新指发现市场需要某类技术或者产品，企业综合判断自身具备研发实力和潜力，且具有研发投入的资本时而选择进行的原创性创新。其次，企业选择研发投入进行创新的决策也会受到国家或者行业政策的影响。一是与研发投入直接相关的政策，如研发投入的税收政策、研发投入的贴息、国家在战略新兴产业的直接研发补贴，以及产品销售的审核过程中的绿色通道；二是与国家审批制度或者审批政策相关的政策，如创新产品投入市场过程中的绿色通道、有条件批准上市、特定领域的应急使用审批；三是和产业相关的政策，不同国家在不同发展阶段的重点产业，如中国的芯片产业、生物产业、新能源汽车产业都有特定的产业支持政策。最后，创新还受到本国整体技术水平和经济实力的影响。如果一个国家的整体经济实力和技术水平比较强，其研发投入的基础相对较好，研发投入可能获得的创新产出就越高，创新积极性就越高。

3.1.2 专利活跃度的影响因素

首先，专利活跃度与专利本身的质量息息相关。由于专利的特殊性，专利长度和专利质量是代表专利的典型指标，各国对专利长度都有明确的法律规定，不同国家的专利长度不同，不同专利类型的专利长度也有所不同。专利质量包括专利技术先进性、技术稳定性、专利价值度星级、专利长度，专利质量受众多因素的影响，如研发创新的深度、研发技术创新的广度或者研发步骤的多样性等。

其次，专利活跃度受相关政策的影响。全球遵守的专利贸易协定和各国的专利保护制度，是专利从开始申请到实现成果转化的全过程中必须遵守的规则。此外，海关关税、专利转让的税费等也是影响专利活跃度的因素。同时，政策规定的专利性质也是影响专利活跃度的因素。专利池中的专利是为了保护核心专利进行的设计，本身就是一套"防护墙"，而不是为了产业化，因此企业选择研发创新的专利若属于"专利池"类型的专利，也会影响其专利活跃度。

最后，专利活跃度与专利转让次数有关，专利转让次数会受到多种因素的影响。第一，专利转让往往是一个企业或者国家较为先进的技术，为了能够更好地将专利的成果落地，需要买家成熟度达到一定程度，否则转让了专利也比较难获得理想的收益，因此买家在技术、人才方面的成熟度和匹配度会对专利转让意愿产生影响。第二，产业集群发展的情况也会影响专利转让的效率，产业的发展需要上、中、下游的联动发展和支持，若专利在缺乏整条产业链的区域进行转化，则该专利的成果转化会由于额外转化需求而需要其他地区或者国家的产业链的支持，从而带来更高的转化成本，影响转化效率。

3.2　数理模型

3.2.1　基本假定

熊彼特（1950）与加尔布雷斯（1956）提出创新与垄断力量之间呈正相关关系的观点，Romer（1990）、Aghion and Howitt（1992）以及 Grossman and Helpman（1991）将内生技术进步引入增长模型，并在索洛模型的基础上，构建了 R&D 与增长模型。本部分在包含 R&D 分析的内生增长模型基础上，将专利活跃度作为内生变量引入内生增长理论分析框架，专注于讨论专利及其一系列制度安排对知识进步率的作用机理，从而推断出其对经济增长率的深远影响。为便于分析，本书在进行模型推导前进行以下研究假定。

参照 Chu（2020），假设 $v_0(T)$ 表示在时间 0 获得专利且专利长度为 T 年的发明的价值，$v_{1,t}(i)$ 表示行业 i 中第一次创新的专利价值，$v_{2,t}(i)$ 表示行业 i 中第二次创新的专利价值，λ_t 为创新的到达率，μ 为专利的质量。

3.2.1.1　企业自我专利成果转化与专利转让收益相同

假设 $\pi_t = \pi_0 exp(g_\pi t)$ 表示专利发明在时间 t 产生的利润，g_π 表示利润变化率，假设厂商专利转让获利与专利成果转化所得利润相同，即在每个行业中，最新的行业领导者通过专利技术先进性获得垄断利润，进行专利的成果转化或者转让。转让其中一部分专利权，需将其垄断利润的份额 $s \in (0,1)$ 转让给被转让者，可得专利转让的利润函数为

$$\pi_t(i) = \pi_0 exp(g_\pi t)(1-s) \tag{3-1}$$

厂商成果转化获得的利润 $s\pi_t$，此时

$$\pi_t(i) = \pi_0 exp(g_\pi t)(1-s) + s\pi_t \tag{3-2}$$

式（3-2）和式（3-1）在利润上相等。当 $s=0$ 和 $s=1$ 时，厂商将自主研发创新的专利进行成果转化和专利转让获得利润相等。

3.2.1.2　企业处于垄断竞争市场，以专利方式保护创新成果

垄断竞争指有许多厂商在市场上销售近似但不完全相同的产品，本书

研究研发投入、专利活跃度对经济增长的影响。根据大数法则，厂商增加研发投入能够使获得技术创新的概率增加，一旦获得技术创新，此项技术将处于领先地位，厂商对创新的技术申请专利并进行产业化，将获得垄断市场和垄断利润。

研发投入目标是获得技术创新，对于技术创新成果的保护方式有两种：专利和商业秘密。发明专利的保护在全球有需要共同遵守的协议，每个国家根据内外部的实际情况和法律条款制定本国的专利保护的制度和规则。商业秘密尽管有相应的保护制度和措施，但是商业秘密的数据统计较少，均属于厂商的内部信息。由于本书选取的是发明专利数据，因此在理论上假设所有厂商的技术创新成果都以发明专利的形式进行保护，且假设本书本身申请的专利为 P_a。

3.2.1.3 技术创新存在迭代和累加效应

在每个行业中，最新的行业领导者（进入者）侵犯了先前行业领导者（在位者）的专利。由于这种创新带来的专利迭代，进入者必须将其垄断的利润 $mp \in (0,1)$ 份额转让给在位者。由于利润的划分，进入者在时间 t 获得 $(1-mp)\pi_t$ 的利润，而在位者获得 $mp\pi_t$。当下一个创新到来时，当前进入者成为现任者，其利润从 $(1-mp)\pi_t$ 变为 $mp\pi_t$，而当前进入者失去了对下一进入者产生的利润的要求。换言之，假设领先的专利广度仅涵盖下一个创新，而不能涵盖后续创新，参考 Donoghue and Zweimuller（2004）的研究，为了获得更多的竞争利润，企业会选择通过研究防御性专利对原有核心专利进行保护，那么就需要再次创新。

假设 $v_{2,t}(i)$ 表示行业 i 中第二次创新的专利价值，在对称均衡中因为所有的 $i \notin [0,N]$ 都有 $mp\pi_t(i) = mp\pi_t$，这样可得 $v_{2,t}(i) = v_{2,t}$，则确定 $v_{2,t}$ 的无套利条件为

$$r_t = \frac{mp\pi_t + \dot{v}_{2,t} - \lambda v_{2,t}}{v_{2,t}} \quad (3-3)$$

将利率 r_t 等于 $v_{2,t}$ 由垄断利润 $mp\pi_t$、资本收益 $\dot{v}_{2,t}$、预期资本损失 $\lambda v_{2,t}$ 之和得出的 $v_{2,t}$ 收益率，其中 λ_t 是创新的到达率。

$v_{1,t}(i)$ 表示行业 i 中目前创新的专利价值，在对称均衡中，因为所有的

$i \notin [0,N]$ 都有 $(1-mp)\pi_t(i) = (1-mp)\pi_t$，这样可得 $v_{1,t}(i) = v_{1,t}$，则确定 $v_{1,t}$ 的无套利条件是

$$r_t = \frac{(1-mp)\pi_t + \dot{v}_{1,t} - \lambda(v_{1,t} - v_{2,t})}{v_{1,t}} \qquad (3-4)$$

将利率 r_t 等于 $v_{1,t}$ 由垄断利润 $(1-mp)\pi_t$、资本收益 $\dot{v}_{1,t}$、预期资本损失 $\lambda(v_{1,t} - v_{2,t})$ 之和得出的 $v_{2,t}$ 收益率，当下一个创新到来时，当前的进入者将成为在位者失去 $v_{1,t}$ 得到 $v_{2,t}$。

在完全竞争条件下，任何一个产业或者行业，都有 N 个厂商或 N 种产品在进行创新活动，这些活动都有可能获得创新的成果专利，每一种创新都是专利质量的体现，所有的创新累加为创新步骤 H。任何厂商如果想通过创新获得垄断利润，其专利质量需要以该行业的 H 为标准，获得达成新 H'，此行业的创新形成的创新专利依然是累加结果，即 $\mu \leq H$。

3.2.2　理论模型

3.2.2.1　最终产品生产部门

研发成功获得专利并对其进行成果转化获得最终产品，将最终产品投入完全的竞争市场，竞争性公司使用柯布—道格拉斯（Cobb – Douglas）生产函数可得

$$Y_t = (A_t L_t)^{\alpha} K_t^{1-\alpha} \qquad (3-5)$$

最终产品是由劳动力和单一的中间产品生产的。将知识积累作为内生技术进步变量引入经济增长模型，且技术进步 A_t 是关于专利活跃度 ψ 的函数，其中，专利活跃度是关于专利数量、质量以及一系列如长度和宽度等制度集合的耦合函数 $\psi = \psi(\cdot)$，令内生技术进步函数 $A_t = A_t(\psi)$，其中 ψ 表示专利活跃度。将其代入一般化的柯布—道格拉斯生产函数，可得

$$Y_t = [A_t(\psi) L_t]^{\alpha} x_t^{1-\alpha} \qquad (3-6)$$

式中：Y_t 为当期最终产品的产量；x_t 为中间产品的投入量；$A_t(\psi) L_t$ 为有效劳动投入量；α 为劳动力产出的弹性系数。

进一步地，技术进步函数可以表示为 $\dot{A}_t = g[x_t, L_t, A_t]$，将其代入一般化的柯布—道格拉斯生产函数，则

$$\dot{A}_t(\psi) = B A_t(\psi)^\theta L_t^\gamma x_t^\beta \qquad (3-7)$$

式中：B 为转移参数，且 $B > 0$；$\gamma \geq 0$；$\beta \geq 0$。其中，并不假设 $\theta + \gamma + \beta = 1$，因并未假设技术进步函数对资本和劳动的规模报酬不变。

假设中间品与劳动投入一一对应，则用 x_t 表示中间品制造过程中所使用的劳动力数量，即 $L_t = x_t$。则可视为 R&D 过程中投入的劳动与资本都由中间品 x_t 来表示，令

$$GDP_t = \frac{(A_t(\psi) \ x_t)^\alpha \ x_t^{1-\alpha}}{x_t} = A_t(\psi)^\alpha \qquad (3-8)$$

对式（3-8）两端取对数，则

$$\ln GDP_t = \ln A_t(\psi)^\alpha \qquad (3-9)$$

两边求导，得

$$\frac{\dot{GDP}_t}{GDP_t} = \frac{A(\dot{\psi})_t}{A(\psi)_t} \equiv \dot{g_t} \qquad (3-10)$$

由式（3-10）可得，经济增长率由技术进步率决定，且该技术进步率受专利活跃度的影响。

将技术进步函数式（3-7）代入式（3-10），可得

$$\dot{g_t} = \frac{\dot{GDP}_t}{GDP_t} = B A_t(\psi)^{\theta-1} x_t^{\beta-\gamma} \qquad (3-11)$$

由式（3-11）可以发现，研发投入与技术进步函数共同决定经济增长率，且技术进步受到专利活跃度的非线性影响，专利活跃度、研发投入与经济增长之间存在非线性关系。

3.2.2.2 中间产品生产部门

有 N 个垄断行业，每个垄断行业都由一个临时的行业领导者（它拥有该行业的最新创新技术）主导，直到下一个创新技术问世。行业领导者生产 i 的差异化的中间商品 $x_t(i)$，$i \in [0, N]$，中间产品生产函数为

$$x_t(i) = H^{q_t(i)} L_t(i) \qquad (3-12)$$

式中：H 表示提升质量的产品创新的步骤，$H > 1$；$q_t(i)$ 为截至时间 t 在行业 i 中发生的质量改进的次数；$L_t(i)$ 为在 i 行业的劳动力。在给定劳动生产率 $L^{q_t(i)}$ 的情况下，w_t 为该行业的工资率，则领先者在 i 行业的边际成本为

$W_t / Z^{q_t(i)}$ 。

在企业制没有生产胜利限制时，企业决定其产品价格时认为其他企业的价格不会因它的决策而改变，假设 n 个寡头企业的产品是完全替代品。假设有厂商 1 的价格为 P_1，厂商 2 的产品价格为 P_2，它们的边际成本都等于 C_0。则两个厂商的价格可能有三种情况：

$$Q_i(P_i, P_j) = \begin{cases} Q(P_i), P_i < P_j \\ \dfrac{1}{2} Q(P_i), P_i = P_j \\ 0, P_i > P_j \end{cases} \tag{3-13}$$

在垄断竞争市场，谁能在市场推行垄断价格，谁就将赢得整个市场，因此，后续创新者积极参与垄断竞争会削弱价格，直至价格等于各自的边际成本为止，即均衡解为

$$P_i = P_j = MC = C_0 \tag{3-14}$$

当当前行业领导者和先前行业领导者进行垄断竞争时，当前行业领导者的利润最大化价格为

$$P_t(i) = H \frac{W_t}{H^{q_t(i)}} \tag{3-15}$$

行业 i 的工资支付为

$$w_t L_t(i) = \frac{1}{H} p_t(i) x_t(i) = \frac{1}{H} \frac{y_t}{N} \tag{3-16}$$

行业 i 的垄断利润为

$$\pi_t(i) = P_t(i) x_t(i) - w_t L_t(i) = \frac{H-1}{H} \frac{y_t}{N} \tag{3-17}$$

假设每一个 $q_t(i)$ 都带来了技术创新的成果，并申请了专利 P_a，随着研发投入质量改进，专利申请数量和专利质量均有可能增加。

3.2.2.3　研发部门

专利是创新的一种成果，这种创新可能贯穿研发的整个过程，因此，本书参考了 Chu（2020）研究专利保护与经济增长的相关模型，本书对研发部门的专利形成进行分析。令 $\nu_0(T)$ 表示在 0 期获得专利发明的价值，专利总保护年限为 T 年，按照现行的各国规定有 $0 \leq T \leq 20$。令 λ_t 为创新

到达率，创新到达率即研发投入之后可能获得创新成果的概率或者创新到达成功的概率。市场上共有 N 个垄断行业，每个垄断行业都由一个临时的行业创新的领导者主导，直到下一个创新技术问世。

假设企业研发部门通过将 RD_t 单位的研发投入资金投入新的创新中来获得最大化利润，则创新的到达率为

$$\lambda_t = \frac{\varphi \, RD_t}{Z_t} \qquad (3-18)$$

式中：$\varphi > 0$ 为研发生产率参数；Z_t 为技术的总体水平，它反映了不断增加的研发投入。研发的自由进入条件是

$$\lambda_t \, v_t = RD_t \Leftrightarrow \frac{\varphi \, v_t}{Z_t} = 1 \qquad (3-19)$$

随着研发投入的增加，创新到达率增加，申请专利的数量可能增加。

3.2.2.4 专利活跃度

（1）专利长度

Pakes（1986）以及 Schankerman and Pakes（1986）指出，大多数专利要到 20 年的法定有效期届满后才能续签。因此，延长专利期限不太可能对刺激研发产生重大影响。Acemoglu and Akcigit（2012）通过 Aghion 等的研究进行逐步创新，在熊彼特式增长模型中对最佳专利长度进行了定量分析，并提出了最佳专利期限有限的观点。

参照 Chu（2020），令 $\pi_t = \pi_0 exp(g_\pi t)$，表示专利发明在 t 期产生的利润，而 g_π 是随着 π_t 利润的变化率，由于 $v_0(T)$ 表示在 0 期获得专利发明的价值，其专利期限为 T 年，那么，没有套利意味着 $v_0(T)$ 是从 0 期到 T 期的当前值，则

$$v_0(T) = \int_0^T e^{-rt} \pi_t dt = \int_0^T e^{-(r-g_\pi)t} \pi_0 dt = \frac{1-e^{-(r-g_\pi)T}}{r-g_\pi} \pi_0 \quad (3-20)$$

式中：r 为利率。当专利长度从 T 年增加到 $T+\gamma$ 年时，则 $v_0(T)$ 的变化百分比为

$$\Delta v_0 \equiv \frac{v_0(T+\gamma)-v_0(T)}{v_0(T)} = \frac{e^{-(r-g_\pi)T}-e^{-(r-g_\pi)(T+\gamma)}}{1-e^{-(r-g_\pi)T}} \qquad (3-21)$$

这表明 Δv_0 关键取决于 g_π 和 r 的值。

将 g_π 定义为 -10% ,并给定 $r = 0.7$,代入式(3-21)可得:

$g_\pi = -10\%$, $r = 0.7$			
$\gamma = 1$	专利长度增加 1 年	$\Delta v_0 = 0.54\%$	即专利现值增加 0.54%
$\gamma = -1$	专利长度减少 1 年	$\Delta v_0 = -0.64\%$	即专利现值降低 0.64%
$\gamma = 5$	专利长度增加 5 年	$\Delta v_0 = 1.98\%$	即专利现值增加 1.98%
$\gamma = -5$	专利长度减少 5 年	$\Delta v_0 = -4.63\%$	即专利现值降低 4.63%
$\gamma = 10$	专利长度增加 10 年	$\Delta v_0 = 2.82\%$	即专利现值增加 2.82%
$\gamma = -10$	专利长度减少 10 年	$\Delta v_0 = -15.45\%$	即专利现值降低 15.45%

Bessen(2008)估计,专利产生的年度折旧率约为 -14% ($g_\pi = -0.14$)。基于此, g_π 的取值范围是 $-20\% \sim -10\%$ 。给定这些 g_π 值和 7% 的资产收益率,将专利期限从 20 年延长至 25 年,专利现值变化百分比 Δv_0 变动很小,范围为 $0.3\% \sim 2.0\%$ 。但是,将专利期限从 20 年缩短至 15 年,将使专利现值降低 $-1.3\% \sim -4.6\%$,这更有意义。Chu(2010)拓展了 Romer(1990)开发的基于 R&D 的增长模型,以允许有限的专利期限,并对该模型进行了数据校正,说明延长专利终止的有效性,研发投入和经济增长专利期超过 20 年的时间后在数量上微不足道。

(2)专利质量

宋河发等(2014)从发明创造质量、文件撰写质量、审查质量和经济质量四个方面构建了专利质量测度指标体系。胡谍和王元地(2015)认为,专利质量应该包含最能反映专利新颖性、创造性和实用性的内容。张杰等(2018)将专利质量分为技术质量、经济质量、市场质量三个层面。许鑫等(2019)从技术层面、经济层面、法律层面、战略层面对高质量专利进行界定。邓恒和王含(2021)提出高质量专利要具备新颖性、创造性和实用性三个法定要素。丁焕峰等(2021)构建包含城市专利结构质量、法律质量、技术质量、运营质量的城市专利质量指标体系,并发现不同区域质量体系收敛情形不同。程文银等(2022)从专利长度、专利宽度、专利深度三个维度研究了专利质量,并发现三者之间的不同。

本书重点考虑专利质量,专利质量包括技术先进性、专利技术稳定性、专利价值度星级、专利宽度等。设 μ 为专利质量,根据 $\pi_t = \pi_0 exp(g_\pi t)$

可得 $\pi_t(\mu) = \pi_0 exp(g_\pi t)$，并将其代入 $v_0(T) = \int_0^T e^{-rt} \pi_t \mathrm{d}t$，从而有

$$v_0(T,\mu) = \frac{1 - e^{-(r-g_\pi)T}}{r - g_\pi} \pi_0(\mu) \qquad (3-22)$$

当 $T \to \infty$ 时，有

$$v_0(T,\mu) = v_0(\infty,\mu) = \frac{\pi(\mu)}{r - g_\pi} \qquad (3-23)$$

式中：μ 表示专利质量，较好的专利质量增加了专利的利润 π，最终增加专利的价值 v，则

$$P_t(i) = \mu \frac{w_t}{S^{q,(i)}} \qquad (3-24)$$

式（3-24）表示专利价值的变化百分比由利润金额的变化百分比确定。

然而，对于中间品来说，$\mu \in (1,H)$，H 是创新步骤，因为假设对最新创新具有完全的专利保护，在这里，遵循 Li（2001）来考虑不完整的专利宽度情况下，从而 $\mu \le H$，i 行业的工资支付为

$$w_t L_t(i) = \frac{1}{\mu} p_t(i) x_t(i) = \frac{1}{S} \frac{y_t}{N} = \frac{1}{\mu} \frac{y_t}{N} \qquad (3-25)$$

行业 i 的垄断利润为

$$\pi_t(i) = p_t(i) x_t(i) - w_t L_t(i) = \frac{H-1}{H} \frac{y_t}{N} = \frac{\mu-1}{\mu} \frac{y_t}{N} \qquad (3-26)$$

专利质量是体现专利价值的重要形式，随着专利质量的提升，垄断利润增加。

（3）专利活跃度

企业专利活跃度 ψ 是反映专利活跃度的综合指标，包括长度和专利的质量，而专利的质量包含专利的申请、专利的技术先进性、专利的技术稳定性、专利的价值度星级、PCT 渠道申请的专利数、专利是否授权、专利是否有效、专利转让等综合，所以实际经营中会发现专利活跃度 ψ 有三种情况：专利活跃度 ψ 为零，即专利处于"沉睡"状态；专利活跃度低于某个阈值，此时专利活跃度较低；专利活跃度高于某个阈值，此时专利活跃

度较高。当专利活跃度 ψ 为零时，有

$$\psi = f(RD, T, \mu) = 0 \tag{3-27}$$

此时企业的创新行为输出了一个"沉睡"专利。

进一步地，定义阈值为 ψ^*，当专利活跃度 ψ 小于阈值 ψ^* 时，专利活跃度具有低活跃度状态的特性，专利的价值低或者转让效率低。当专利活跃度 ψ 大于阈值 ψ^* 时，专利活跃度具有高专利活跃度的特性，专利的价值高或者转让效率高。低专利活跃度与高专利活跃度对经济影响程度不同，因此可以将专利活跃度 ψ 的决定式定义为柯布—道格拉斯函数形式：

$$\psi = f(RD, T, \mu) = RD^\alpha \mu^\beta T^{-1} \tag{3-28}$$

企业的创新行为输出了一个具有活跃度的专利，其中 α、β 分别为知识产权投入 RD、专利质量 μ 对专利活跃度 ψ 的贡献率。

3.3　研究假说

根据前文柯布—道格拉斯技术进步生产函数可得产量的函数为

$$Q = (A_t L_t)^\alpha K_t^{1-\alpha} \tag{3-29}$$

式中：A 可以看作时间（t）的函数，且 $\mathrm{d}A/\mathrm{d}t > 0$，如果假设技术进步率为指数形式，研发投入带来技术进步的决定式为

$$A(t) = Ae^{\theta \cdot t} \tag{3-30}$$

$$Q = A e^{\theta \cdot t} K^\alpha L^{1-\alpha} \tag{3-31}$$

对式（3-32）两边同时取对数，并对时间 t 微分，得到产量增长方程 G_Q。

$$\frac{\partial \ln Q}{\partial t} = \frac{\partial \ln Q}{\partial Q} \cdot \frac{\partial Q}{\partial t} = \frac{\partial Q/\partial t}{Q} = G_Q \tag{3-32}$$

$$G_Q = \frac{\partial \left[\ln A + \theta t + \alpha \ln K + (1-\alpha)\ln L \right]}{\partial t} \tag{3-33}$$

$$G_Q = \theta + \alpha \frac{\partial \ln K}{\partial t} + (1-\alpha) \frac{\partial \ln L}{\partial t} \tag{3-34}$$

$$G_Q = \theta + \alpha G_K + (1-\alpha) G_L \tag{3-35}$$

一个行业的整体的技术进步率和创新到达率成正比，同时专利活跃度

ψ 对技术进步率的影响也是正向的。当仅有研发投入获得技术创新，没有形成专利产出时，则此行业的技术进步率 θ 等于其技术到达率 λ；当研发投入获得技术创新且有创新产出专利时，此时的技术进步率 θ 由技术到达率 λ 和专利活跃度 ψ 的共同影响，则此行业的技术进步率可表达为

$$\theta = \lambda \times (1 + \psi) \tag{3-36}$$

由于专利活跃度 ψ 有等于零和不等于零两种情况，结合式（3-30）和式（3-36）可得整体技术水平的决定式：

$$A(t) = \begin{cases} A\,e^{\lambda - t} & \psi = 0 \\ A\,e^{\lambda(1+\psi) - t} & \psi \neq 0 \end{cases} \tag{3-37}$$

将式（3-37）代入式（3-35）可得

$$G_Q = \begin{cases} \lambda + \alpha\,G_K + (1 - \alpha)\,G_L & \psi = 0 \\ \lambda(1 + \psi) + \alpha\,G_K + (1 - \alpha)\,G_L & \psi \neq 0 \end{cases} \tag{3-38}$$

由前文的研发投入的劳动和资本为 RD，则

$$G_Q = \begin{cases} \lambda + \alpha \ln RD & \psi = 0 \\ \lambda(1 + \psi) + \alpha \ln RD & \psi \neq 0 \end{cases} \tag{3-39}$$

考虑价格稳定性，则厂商的利润增长率和产量增长率呈正向关系，所以利润表达式为

$$G_\pi = \begin{cases} \lambda + \alpha \ln RD & \psi = 0 \\ \lambda(1 + \psi) + \alpha \ln RD & \psi \neq 0 \end{cases} \tag{3-40}$$

将式（3-28）代入式（3-40）可得

$$G_\pi = \begin{cases} \lambda + \alpha \ln RD & \psi = 0 \\ \lambda(1 + RD^\alpha \mu^\beta T^{-1}) + \alpha \ln RD & \psi \neq 0 \end{cases} \tag{3-41}$$

G_π 受到 RD 和 ψ^* 双重影响，带来的经济增长，具体到 ψ^* 由专利长度 T 和专利质量 μ 共同决定。又由于专利长度 $0 \leqslant T \leqslant 20$，从前文分析可以看出，增加专利长度对经济增长影响不大，所以重点讨论研发投入 RD 和 ψ，则可得到：

（1）随着研发投入 RD 的增加，RD 对 λ 产生正向影响，g_π 产生同步增加，即研发投入对经济增长有正向促进作用；

（2）当 $\psi = 0$，$G_{(\pi)t} = \ln RD_t$，表示研发投入的回报比较低；

（3）当 $\psi \neq 0$，随着专利活跃度随着 ψ 的增加，G_π 同步增加，即专利活跃度对经济增长有正向促进作用，$0 < \psi < \psi^*$ 和 $\psi > \psi^*$ 时对经济增长的影响可能不同。

综上所述，本书在前述理论模型的推导结果和分析的基础上，提出如下研究假说：

H1：研发投入增加能够正向影响经济增长；

H2：专利活跃度在研发投入影响经济增长的过程中具有中介效应；

H3：专利活跃度的不同会导致研发投入影响经济增长的程度有所不同，即研发投入对经济增长的影响存在专利活跃度门槛效应。

第4章 世界主要国家研发投入与专利活跃度现状

4.1 研发投入现状

由于各国对研发投入的战略制定、政策支持，企业都看到了研发投入的获利潜力，有研发实力的企业都越来越重视增加研发投入，以获得技术创新与全球的竞争优势。

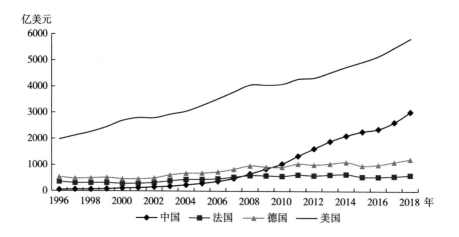

图 4-1 中美德法研发投入比较

(资料来源：根据世界发展指标数据库 2010—2018 年数据计算整理)

图 4-1 为中国、美国、德国、法国四国的 22 年时间内研发投入的变化趋势。从研发投入来看，美国始终居于榜首，中国在 2010 年之后超过德国和法国，且中国的研发投入增长率明显高于其他三个国家。

4.1.1　不同发展阶段的国家的研发投入

随着全球经济一体化的发展，研发的国际化布局已经成为新趋势，中国具备研发实力的企业都纷纷建立了研发中心，研发获得的技术创新在推动企业和国家的综合实力提升上发挥着重要作用。随着各国经济的发展，研发投入规模不断增加，但鉴于每个国家或地区的发展需要不同，研发投入行业重点也不一样。2018 年，欧盟联合研究中心（Joint Research Center，JRC）结果显示，美国研发投入排名前三的产业分别为医疗卫生行业、信息通信技术（Information and Communications Technology，ICT）生产商行业、ICT 服务；欧盟研发投入排名前三的产业部门分别为汽车和其他运输、卫生行业、ICT 生产商，占欧盟所有研发投入金额的 67%；日本研发投入排名前三的产业部门分别为汽车及零件行业、ICT 生产商、卫生行业，占日本所有研发投入金额的 63%；而中国研发投入排名前三的产业部门分别为 ICT 生产商、ICT 服务、汽车及其他运输，占中国所有研发投入金额的 59%。

由于行业差异及地区差异，研发投入金额也有较大差距。在医疗卫生行业中，美国的医疗健康行业研发总投入居世界首位，是排在第二位的欧盟国家的近 2 倍，远远高于日本、中国和其他国家。美国和欧盟的医疗卫生行业研发投入水平都在 20% 以上，尽管日本的医疗卫生行业仅占 12%，但日本与美国、欧盟的医疗卫生行业研发投资水平一样都能在本国或者地区内排名前三，说明这些国家和地区对于医疗行业研发的重视，并且有充足的资金支持。相比之下，中国在医疗卫生行业研发的投资只有总投资额的 3.4%，与国外差别悬殊。各国可以根据本国的经济实力、战略中的重点行业，对研发投入制定相应的政策和方案，鼓励企业和科研机构等增加研发投入，从而有力保障本国技术创新的持续性及经济发展的稳定性。

表 4 - 1 中数据显示，中国 2018 年整体研发投入与 2010 年相比增长了185%；韩国 2018 年整体研发投入与 2010 年相比增长了 105%；美国 2018年整体研发投入与 2010 年相比增长了 50%；德国 2018 年整体研发投入与2010 年相比增长了 33%；俄罗斯 2018 年整体研发投入与 2010 年相比降低5%；日本 2018 年整体研发投入与 2010 年相比不仅未增长，还下降了 9%

左右。以上数据表明不同国家在研发投入方面的力度和政策不同，这也意味着各国家对整体产业的研发投入的战略不同。

表4-1　　　　　　　　选定国家的研发投入比较分析　　　　　　单位：亿美元

国家	类型	2010 年	2011 年	2012 年	2013 年	2014 年	2015 年	2016 年	2017 年	2018 年
中国	发展中	1043	1344	1631	1912	2119	2275	2359	2605	2974
印度	发展中	132	138	136	131	143	146	154	177	177
俄罗斯	发展中	172	208	227	236	221	150	141	175	164
韩国	发展中	379	450	492	542	605	583	598	697	779
美国	发达	4116	4314	4359	4567	4776	5065	5320	5641	6160
德国	发达	928	1052	1016	1059	1119	985	1020	1125	1236
日本	发达	1788	1998	1991	1709	1649	1440	1554	1561	1623

资料来源：根据世界发展指标数据库 2010—2018 年数据计算整理。

4.1.2　研发投入与 GDP 的比值分析

研发投入是可用于测量创新能力的指标，对每一个国家都十分重要，需要从国家战略层面进行决策和调整。从图 4-2 可以看出，2018 年韩国的研发投入与 GDP 的比值比 2010 年增长了约 1.5 个百分点，呈逐年上升趋势，说明韩国研发投入持续增加，侧面反映了韩国的研发能力和研发水平不断上升。日本的研发投入与 GDP 的比值在 7 个样本国家中处于第二的

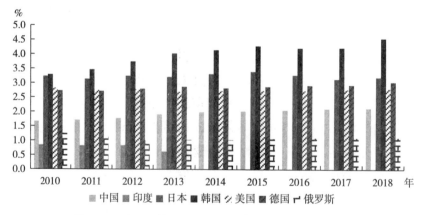

图4-2　中印日韩美德俄七国研发投入与 GDP 比值分析

（资料来源：根据世界发展指标数据库 2010—2018 年数据计算整理）

位置，2010—2018 年研发投入与 GDP 的比值基本维持不变。德国和美国在 2010—2013 年的研发投入与 GDP 的比值相差不大，保持在 2.5% ~ 3%，而 2013—2018 年德国的研发投入与 GDP 的比值超过了美国，达到了 3%。相对于发达国家，中国研发投入与 GDP 的比值低于 2.5%，明显较低，在 2010—2018 年中国的研发投入呈逐年小幅增长趋势。俄罗斯的研发投入与 GDP 的比值在 7 个国家中相对较低，印度数据不全。衡量国际研发投入水平的一个重要指标是本国研发投入与本国 GDP 的比值，该指标对国家长期的经济稳定与增长都具有重要的意义。

4.1.3　战略新兴产业的研发投入

由于内部技术实力和外部经济发展的影响，中国中小企业偏多，致使中国企业研发投入总额增大，但研发投入强度不高（张春颖和尹丽娜，2018）。近几年中国出台了一系列较好的产业政策，企业研发经费的投入总体规模不断增大，已经成为全球研发经费增长较高的国家之一。中国整体研发费用的增加从侧面也说明中国和中国的企业都正在积极培育企业创新能力。

战略新兴产业的发展驱动着本地区或本国经济的稳定及可持续发展。调查数据显示，2021 年企业专利权人研发经费占营业收入的比例不足 10% 的最多，为 55.0%；其次是 10% ~ 30%（不含），占比为 27.7%；30% ~ 50%（不含）的占比 9.1%；50% ~ 70%（不含）的占比 4.2%；90% 以上的占比为 2.3%；70% ~ 90%（不含）的占比最少，为 1.6%。根据 2018 年欧盟联合研究中心数据可知，中国研发强度排名前三的产业分别为 ICT 生产商、ICT 服务、汽车及零件行业。生物医药行业投入大、风险高、时间长的特点，致使该行业目前尚存在研发投入不足、自主创新能力不强、企业规模偏小等问题，在一定程度上制约了行业的发展。

本书分别从销售收入、研发投入强度、资本支出强度、盈利利润等方面对企业的研发投入进行整体分析，并选取了制药及生物技术行业、化学制品行业、汽车及零件行业、新一代信息技术产业进行比较分析。刘迎春（2016）对战略新兴产业的技术创新效率进行了研究并发现，创新能力与研发投入的增幅之间似乎存在反向关系。进一步地，高技术产业的研发能力虽然较高，但专利申请的数量不但没有上升，反而呈现下降的趋势。这表明，研发投入与技术创新效率之间可能并不存在线性关系，研发投入的增加并未带来技术创新效率的增加，应该把重点放在科技创新上。

4.1.3.1　新一代信息技术产业研发投入的现状

新一代信息技术正影响着众多行业和企业的行为，如网络会议、网上购物、远程办公等已经成为新冠疫情暴发后人们生活和工作的常态，而信息技术也让全球任何新的信息和知识能够得到及时的传播与分享。近年来，新一代信息技术已经被用于机器人送餐、折叠手机等无处不在的多模式人机交互业务领域。

图 4 - 3　新一代信息技术产业全球前 20 强企业的研发投入和研发强度

（资料来源：根据 2010—2018 年欧盟工业研发投资记分牌数据整理）

新一代信息技术产业的需求是研发投入增长的根本驱动力，也是未来现代技术创新能力实现的重要保障。2018 年研发投入全球前 20 强药企的研发投入总金额已超过 7800 亿美元，2010—2018 年连续 9 年研发投入都在持续增长且研发强度平均都在 11% 属于高研发强度的行业。根据图 4 - 3 中关于 2010—2018 年欧盟工业研发投资记分牌的数据分析发现，新一代信息技术产业的投入增长率居首位，2018 年其在全球前 20 强中的研发投入总额增长了 209%。

表 4 - 2　　　新一代信息技术产业研发投入全球前 20 强企业数量　　　单位：家

序号	国家	2010 年	2011 年	2012 年	2013 年	2014 年	2015 年	2016 年	2017 年	2018 年
1	美国	14	13	14	13	14	15	15	12	13
2	日本	2	2	2	2	2	2	2	3	2
3	中国					2	2	2	3	4
4	德国	1	1	1	1	1	1	1	1	1
5	法国	2	2	1	1				1	
6	西班牙	1	1	1	1	1				
7	开曼群岛		1	1	2					

资料来源：根据 2010—2018 年欧盟工业研发投资记分牌数据整理。

如表 4 - 2 所示，在 7 个国家 2010—2018 年新一代信息技术产业中全球前 20 强的企业数量中，美国进入全球研发前 20 强的企业的数量相对稳定在 12～15 家，日本新一代信息技术产业全球研发前 20 强的企业数量维持在 2 家，中国从 2014 年开始有 2 家企业进入全球研发前 20 强，分别是腾讯和百度，到 2018 年发展成为阿里、腾讯、百度、网易 4 家企业。

4.1.3.2　生物产业研发投入的现状

研发是生物产业市场增长的根本驱动力，也是生物创新能力差异的重要原因，研发投入也会根据生物产业的方向和领域的不同产生较大差异。根据图 4 - 4 可知，2010—2018 年，全球各生物医药的大型企业研发投入持续增加，2018 年全球前 20 强生物产业企业的研发投入总金额已超过 1200 亿美元，且研发强度平均保持在 15% 左右，可见，生物产业属于高研发强度的行业。虽然个别年份的研发强度有所降低，但整体来说呈上升趋势。2012 年，前 20 强企业的研发投入较上一年有所增长，但研发强度却比 2011 年显著降低，究其原因是 2012 年宏观经济不景气，生物产业公司为了保持竞争力，在研发投入方面有所减缓，与此类似的还有 2016 年与 2018 年。当前，全球老龄化正经历着数量和比例的同步增长，老龄人口数预期占人口总量的 10.3%。老龄化人口的免疫和代谢系统以及抵抗疾病的能力减退，对药物的依赖和消费通常会更高，因此全球特别是中国不断加剧的老龄化人口结构将成为中国生物医药市场增加研发投入的重要驱动因素。

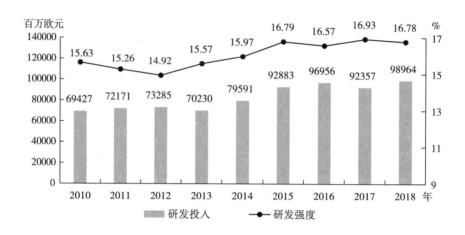

图4-4 生物产业全球前20强企业的研发投入

（资料来源：根据2010—2018年欧盟工业研发投资记分牌数据整理）

对图4-4分析可知，2013年度生物产业的研发投入相对较低，但研发投入与销售额的比值有一个很大的增幅，可能的原因是，越是在生物产业销售收入不景气的时候，各企业对研发投入方面越重视。

表4-3 生物产业研发投入全球前20强企业数量 单位：家

序号	国家	2010 年	2011 年	2012 年	2013 年	2014 年	2015 年	2016 年	2017 年	2018 年
1	美国	7	7	7	9	10	10	9	10	11
2	日本	5	5	4	2	1	1	1	1	1
3	德国	2	2	3	3	3	2	3	3	3
4	瑞士	2	2	2	2	2	2	2	2	2
5	英国	2	2	2	2	2	2	2	2	2
6	法国	1	1	1	1	1	1	1	1	1
7	丹麦	1	1	1	1	1	1	1		
8	爱尔兰						1	1		

资料来源：根据2010—2018年欧盟工业研发投资记分牌数据整理。

从表4-3中8个国家进入全球研发投入前20强的生物产业企业的数量和分布情况可知，2010—2018年，美国企业数量的占比越来越高，可见美国在生物医药产业化方面始终占据世界领先地位，且一直保持高比例研发投入，再加上美国出台了许多对生物医药产业大力支持的政策，使其他国家除了保持原有的医药大企业，很难再产生新的与其体量相当的医药研发巨头。日本在这 9 年，研发投入全球排名前 20 强的企业从 5 家下降到了 1 家，虽然日本制药企业的全球销售额仅次于美国排名第二，但其高研发投入的企业却逐年减少，与美国的差距较为明显，这一现象可能与日本持续低迷的经济有很大关系。

中国的生物产业近年来发展迅速，但在 2010—2018 年没有企业可以上榜，中国老牌企业如同仁堂，新兴企业如恒瑞、百济神州等在研发投入方面都没有进入全球前 2500 强。近年来中国生物医药企业在研发上的投入力度虽然在不断加强，国家对创新药的产业也在大力扶持，但中国的生物产业与生物医药领域全球第一梯队仍然存在较大差距。

4.1.3.3　新能源汽车产业研发投入的现状

随着居民生活水平的提高，家用汽车的占有率会逐步提高，但当前又面临碳排放的要求，因此为了整体环境绿色可持续的发展，未来更为智能、安全和节能的新能源汽车需求将有极大增长。

图 4 - 5　新能源汽车产业全球前 20 强企业的研发投入和研发强度

（资料来源：根据 2010—2018 年欧盟工业研发投资记分牌数据统计分析）

从图 4 - 5 可以看出，2010 年全球汽车产业前 20 强企业的研发投入总额低于生物产业，2018 年全球企业前 20 强企业的研发投入总额与生物产业基本持平，这说明全球对汽车产业研发投入的关注度和重视度不断加强。从研发强度来看，新能源汽车产业的研发强度平均在 5% 左右，远低于生物产业 15% 的研发强度，属于中研发强度的行业。总体而言，新能源汽车产业的研发强度和投入总额的趋势稳中有升，将是未来经济的一个比较好的增长点。

表 4 - 4　　　　　新能源汽车产业研发投入全球前 20 强企业数量　　　单位：家

序号	国家	2010 年	2011 年	2012 年	2013 年	2014 年	2015 年	2016 年	2017 年	2018 年
1	日本	8	7	6	6	5	5	5	5	5
2	德国	6	6	6	6	6	6	6	6	6
3	法国	2	2	2	2	2	2	2	3	3
4	美国	2	2	2	2	2	2	2	2	2
5	韩国	1	1	1	1	1	2	1	1	1
6	印度		1	1	1	1	1	1	1	1
7	中国					1	1	1	1	1
8	意大利	1	1	1	1	1				
9	英国		1	1	1	1				
10	荷兰					1		1	1	1

资料来源：根据 2010—2018 年欧盟工业研发投资记分牌数据整理。

在表 4 - 4 中，2010—2018 年全球有 7 个国家拥有研发投入排名前 20 强的汽车企业，日本企业排名前 20 强的企业从 8 家下降到 5 家，美国和德国的保持研发投入全球前 20 强企业数量不变，中国的上汽集团、印度的 TATA 汽车与荷兰的菲亚特克莱斯勒汽车分别进入汽车及零件行业全球研发投入前 20 强，英国的汽车企业则被挤出了前 20 强名单。

4.1.3.4　高端装备制造产业研发投入的现状

高端装备制造产业对研发投入要求比较高，从图 4 - 6 可以看出，全球的高端装备制造产业的研发投入在 2010—2016 年呈持续上升的趋势。

从表 4 - 5 可以看出，在高端装备制造产业研发投入较高的企业中，美国持续位于榜首，2010—2018 年美国持续保持在 6 ~ 9 家企业；法国排名第二，每年有 3 ~ 4 家企业上榜；以色列、意大利、荷兰、加拿大四个国家每年进入全球研发投入前 20 强的企业均为 1 家；中国从 2010 年至今，没有企业进入研发投入前 20 强。近年来中国高端装备制造企业在研发上的投入力度虽然不断加强，国家对高端装备制造产业也在大力扶持，但与高端装备制造领域全球第一梯队仍然存在较大差距。

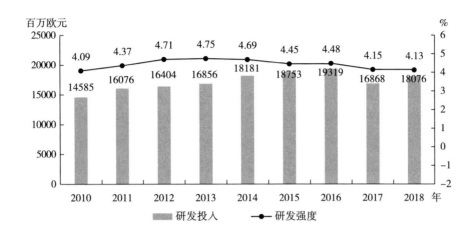

图 4 - 6 高端装备制造产业全球前 20 强企业的研发投入

（资料来源：根据 2010—2018 年欧盟工业研发投资记分牌数据整理）

表 4 - 5　　　高端装备制造产业研发投入全球前 20 强企业数量　　　单位：家

序号	国家	2010 年	2011 年	2012 年	2013 年	2014 年	2015 年	2016 年	2017 年	2018 年
1	美国	9	9	7	7	8	7	7	6	8
2	法国	3	4	4	4	4	4	4	4	3
3	英国	2	2	2	2	2	3	2	2	2
4	以色列	1	1	1	1	1	1	1	2	2
5	意大利	1	1	1	1	1	1	1	1	1
6	荷兰	1	1	1	1	1	1	1	1	1
7	加拿大	1	1	1	1	1	1	1	1	1
8	瑞典		1	1	1	1	1	1	1	1
9	巴西			1	1	1	1	1	1	1
10	德国	1								
11	俄罗斯				1					
12	瑞士	1								

资料来源：根据 2010—2018 年欧盟工业研发投资记分牌数据整理。

4.2　专利活跃度现状

本书以发明专利为代表研究了专利的授权数量、有效专利数量及国内发明国外所有权的专利数量等国家专利相对而言较有价值的指标。

4.2.1 各国专利申请分析

4.2.1.1 专利申请数量

表4－6　　　　　　　　　年度专利申请数量　　　　　　　单位：件

国家	2009年	2010年	2011年	2012年	2013年	2014年	2015年	2016年	2017年	2018年
爱尔兰	415	350	230	216	135	118	203	149	137	108
澳大利亚	23681	24887	25526	26358	29717	25956	28605	28394	28906	29957
巴西	22406	24999	28649	30435	30884	30342	30219	28010	25658	24857
德国	59583	59245	59444	61340	63167	65965	66893	67899	67712	67898
法国	15693	16580	16754	16632	16886	16533	16300	16218	16247	16222
加拿大	37477	35449	35111	35242	34741	35481	36964	34745	35022	36161
卢森堡	84	100	128	161	169	1	247	444	668	395
美国	456106	490226	503582	542815	571612	578802	589410	605571	606956	597141
挪威	3604	1813	1776	1564	1749	1563	1805	2060	2060	1674
葡萄牙	617	545	646	647	669	740	945	751	680	690
日本	348596	344598	342610	342796	328436	325989	318721	318381	318481	313567
瑞典	2649	2549	2341	2436	2495	2425	2428	2384	2297	2280
瑞士	2078	2155	2043	2988	2156	2048	1923	1771	1628	1615
以色列	6774	7306	6886	6792	6185	6273	6908	6419	6813	7363
印度	34287	39762	42291	43955	43031	42854	45658	45057	46582	50055
英国	22465	21929	22259	23235	22938	23040	22801	22059	22072	20941
中国	314604	391177	526412	652777	825136	928177	1101864	1338503	1381594	1542002

资料来源：根据世界知识产权组织专利数据库2009—2018年数据整理。

表4－6的数据显示，中国2018年专利申请数量约154万件，约为2009年的5倍。日本的专利申请数量在2009—2018年呈逐年下降的趋势，2018年的专利申请数量只有2009年的90%。美国和印度2009—2018年专利申请数量均呈逐步上升的趋势，美国2018年专利申请数量是2009年的1.31倍。从2009—2018年的专利申请数量的变化来看，中国专利申请增长量领跑全球，印度也取得了令人瞩目的增长。各国研发投入经过十年的持续性变化及技术的持续性迭代，专利申请数量的世界格局不断发生变化。

从中也不难看出，亚洲区逐步成为国际专利的主要来源地区，凸显了在全球范围内以研发投入为主的创新活动正从西向东发生历史性、地理性转移，也表明了亚洲国家对于创新投入的重视程度不断加强，亚洲的技术创新能力正在逐步提升。中国专利申请数量领跑全球的可能的原因有：第一，中国改革开放之后对研发投入和专利的重视；第二，近十年来中国优化了产业政策，为企业创业和创新提供一个开放、高效和公平的平台；第三，中国高端人才引进已经初见成效。

4.2.1.2　各国专利授权分析

专利申请之后获得授权才能转化为产业获得收益，一个国家的专利授权总数大或者比例大，说明其专利的技术先进性或者创新程度较高，反之较低。

表 4 - 7　　　　　　　　　年度专利授权数量　　　　　　　　　单位：件

国家	2009 年	2010 年	2011 年	2012 年	2013 年	2014 年	2015 年	2016 年	2017 年	2018 年
澳大利亚	13309	16011	19090	17037	18025	20573	23973	23770	21752	17204
巴西	2888	3306	3550	2725	3039	2785	3413	4185	4440	9619
德国	13199	12817	10359	12439	13042	14141	13620	14286	14210	14725
法国	10305	9733	9729	12577	11179	11703	12414	12153	11560	12087
加拿大	19652	19274	20920	21785	24033	23600	21986	26517	24146	23568
卢森堡	53	91	58	95	125	136	160	183	498	440
美国	167989	220791	225694	254082	278724	301442	299053	303564	319326	308379
挪威	1722	1702	1671	1350	1494	1452	1517	2599	2203	1747
葡萄牙	147	143	116	117	139	106	80	33	55	76
日本	188965	211813	245132	262202	268827	267540	190574	217871	199679	191078
瑞典	1277	1401	1058	1011	695	604	907	871	1036	1074
瑞士	991	793	490	472	544	704	703	634	792	628
英国	5473	5647	7252	6938	5302	5044	5512	5668	6377	6064
中国	128822	130012	164193	217824	219566	230280	333341	412816	418281	431484

资料来源：根据世界知识产权组织专利数据库 2009—2018 年数据整理。

根据表 4 - 7 可知，2010 年中国专利授权数量是美国的 58.88%，而 2018 年中国专利授权数量是美国的 1.4 倍；2010 年中国专利授权数量是日本的 61.38%，而 2018 年中国专利授权数量是日本的 2.2 倍。从全球 2009—2018 年的时间跨度来看，中国是全球专利数量增长的主要源头，截至 2018 年，中国以 43 万件专利授权数量排名第一位，美国以 31 万件授权专利数量排名第二位，日本以 19 万件授权专利数量排名第三位。

4.2.1.3　各国 PCT 专利申请数量

专利合作条约（Patent Cooperation Treaty，PCT）是在专利领域进行合作的国际性条约，参与签订此条约的国家需要遵守申请专利的统一程序，类似天平的作用。通过相同程序申请的专利，专利数越多，说明创新性或者创新能力越强，在竞争力市场上越有优势。

表 4-8　　　　　　　　　年度 PCT 专利申请数量　　　　　　　单位：件

国家	2009 年	2010 年	2011 年	2012 年	2013 年	2014 年	2015 年	2016 年	2017 年	2018 年
爱尔兰	493	538	469	395	448	461	462	455	475	525
澳大利亚	1819	1691	1771	1684	1591	1724	1605	1783	1795	1793
巴西	461	555	501	561	652	652	563	597	551	617
德国	17883	16337	17394	18946	17994	17982	17552	17321	17927	18948
法国	7081	7218	7244	7379	7599	8103	8132	8034	7850	7825
加拿大	2670	2513	2734	2633	2919	3018	2779	2641	2287	2325
卢森堡	240	261	286	264	423	475	332	422	510	426
美国	47635	44648	44790	47307	53798	63682	54256	55604	55807	56470
挪威	648	701	720	702	660	726	699	692	766	807
葡萄牙	119	115	132	146	145	167	173	171	226	238
日本	28879	28954	34098	39479	43116	44039	42300	43687	44872	47971
瑞典	3832	3477	3241	3295	3627	3948	3796	3796	3781	3834
瑞士	3601	3426	3598	3962	4078	4162	3847	4081	4310	4379
以色列	1804	1506	1499	1427	1521	1582	1607	1712	1793	1820
印度	1086	1074	1291	1385	1346	1421	1326	1425	1511	1599
英国	5127	4877	4653	4732	4682	4999	5037	5185	5429	5418
中国	6281	8248	11862	15301	16713	20700	23175	28260	37493	45627

资料来源：根据世界知识产权组织专利数据库 2009—2018 年数据整理。

为了更好地比较专利国际化的情况，本书特选择 PCT 专利申请的数据进行分析。从表 4-8 的数据来看，2009 年美国为 4.8 万件、日本为 2.9 万件、德国为 1.8 万件、法国为 7081 件、中国为 6281 件。从申请件数来看，法国和中国分居第四位、第五位，且远低于排名前三的国家。2018 年排名第一位和第二位的国家仍是美国和日本，但第三位由德国变为了中国。中国的 PCT 专利申请数量在 2009 年是 6281 件，到 2018 年已达 4.6 万件。同时从近十年国际专利申请的趋势来看，日本的增速达 1.76 倍，上升趋势十分明显。上述数据清楚地表明，创新领域正在向亚洲转移，同时也可以看出美国 2009—2018 年一直是 PCT 专利申请数量最多的国家，这表明美国持续性通过技术创新向新市场扩张的意愿强烈。

4.2.1.4　各国有效专利数量分析

表 4 - 9　　　　　　　　年度有效专利数量　　　　　　单位：件

国家	2009 年	2010 年	2011 年	2012 年	2013 年	2014 年	2015 年	2016 年	2017 年	2018 年
爱尔兰	78916	79040	88044	96583	108218	111109	118273	147125	169453	196707
澳大利亚	104644	96293	105463	112176	122811	128407	117906	132994	144555	156244
巴西	43089	40022	41453	39592	35517	24976	23952	24153	25664	31977
德国	519209	514046	527917	549521	569340	576273	602013	617307	657749	703606
法国	436931	435915	471362	490941	500114	510490	520069	535554	563695	602084
加拿大	134150	133355	137368	144363	153781	161442	166771	175236	180727	184559
卢森堡		42805	44708	45955	47025	48838	51119	65137	71708	98245
美国	1930631	2017318	2113628	2239231	2387502	2527750	2644697	2763055	2984825	3063494
挪威	17245	16534	16060	17626	19297	21882	23087	27930	33150	37434
葡萄牙	39867	39076	38084	37612	36782	35561	35080	35649	36821	38193
日本	1347998	1423432	1542096	1694435	1838177	1920490	1946568	1980985	2013685	2054276
瑞典	102363	96796	96091	96252	95695	93348	92607	93545	96876	100974
瑞士	120178	123033	143253	148020	148759	144859	162761	193883	208022	244581
以色列	32565	26494	24338		25372	26645	28666	30922	32764	33951
印度	37334	47224	41361	42991	45103	49272	47113	49575	60777	60865
英国		413177	428014	443670	450458	453774	458721	485326	516965	572063
中国	438036	564760	696939	875385	1033908	1196497	1472374	1772203	2085367	2366314

资料来源：根据世界知识产权组织专利数据库 2009—2018 年数据整理。

有效专利数量是累计数，表示统计年度仍在有效期内的专利总数，包括本身在有效期内同时正常缴纳了专利维护费用的专利。由表 4 - 9 可以看出，中国有效专利数正在逐年攀升，2010 年有效专利数是美国的 28%、日本的 40%，但到了 2018 年中国有效专利数达到了美国的 77%，并且超过了日本的有效专利数，是其 1.15 倍。

有效专利数的增长率是当年增加有效专利数与有效专利当年累计数的比例,当年新申请的授权专利数是当年新增有效专利数的重要来源。从2010年开始中国年度有效专利数的增长率都超过了10%,而美国这9年内的有效专利数的增长率持续在10%以下,日本有效专利数的增长率近几年更低,由于中国有效专利数的基数相对小,中国2010年有效专利数是美国的34%,增长8年后的总数仍然没有和美国持平。

从2009年的数据来看,位居第一和第二的美国和日本的有效专利数分别是193万件、134万件,远超位于第三、第四、第五的德国、中国和法国。经过10年的发展,中国从十年前的第四位跻身第二位,仅次于排名第一的美国,而其他的国家的增速相对平缓。

4.2.1.5 百万人口专利申请量分析

表4-10　　　　　　　　　百万人口专利申请数量　　　　　　　单位:件

国家	2009年	2010年	2011年	2012年	2013年	2014年	2015年	2016年	2017年	2018年
澳大利亚	115	109	107	116	132	85	96	108	102	110
巴西	22	22	24	24	25	23	23	25	26	24
德国	891	910	912	919	917	912	884	893	887	885
法国	356	373	372	372	372	379	377	370	374	369
加拿大	151	134	138	136	130	118	120	113	111	117
美国	733	782	795	856	911	895	899	914	904	872
挪威				312	317	318	321	335	319	318
葡萄牙	64	55	61	66	71	80	103	85	77	86
日本	2306	2265	2250	2249	2132	2090	2036	2049	2053	2005
瑞典	574	614	594	605	625	604	599	563	574	579
瑞士	975	1069	1011	1013	1012	1018	1035	1042	1020	1081
以色列	185	190	175	167	149	137	153	152	165	170
印度	6	7	7	8	8	9	10	10	11	12
英国	334	333	318	316	305	308	306	290	282	280
中国	172	219	309	396	519	587	706	874	899	1001

资料来源:根据世界知识产权组织专利数据库2009—2018年数据整理。

百万人口专利申请数量是衡量专利相对数量的重要指标。2009年,百万人口专利申请数量日本以2306件位居第一,远超瑞士、德国、美国、瑞典等国。经过十年的发展,中国赶超德国、美国和瑞典,以1001件跻身至第三位,日本虽然仍稳居第一位,如表4-10所示,但与其变化初期相比,整体呈不断下降的趋势，这不仅与近十年中国经济的快速发展紧密相关，也与日本近年来的经济衰退有关系。

4.2.1.6　专利保护范围分析

专利保护范围是根据德文特专利数据库统计的各国专利保护范围的情况，保护范围共分为1~10级，每级由专利数和专利保护范围等级成绩结果求和，从而得出此国家的专利保护范围总数。

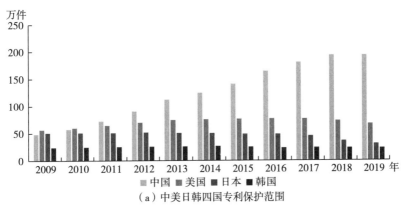

（a）中美日韩四国专利保护范围

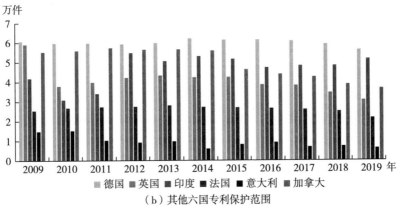

（b）其他六国专利保护范围

图4-7　10个国家的专利保护范围比较分析

（资料来源：根据世界知识产权组织专利数据库2009—2019年数据整理）

从图4-7（a）可以看出，2009—2010年美国的专利保护范围略高于其他国家，2012—2019年中国总保护范围高于其他国家，中国的专利保护范围在十年间从几十万件增加到近200万件。从图4-7可以看出，德国、英国、印度、法国、意大利、加拿大六个国家的专利保护范围数均为 8 万件以下。

4.2.2 专利引用、转化现状分析

赵晓娟等（2021）在研究企业、科研机构、大学、个人四类组织的专利许可的实际案例中发现，企业的专利在不同省份之间的许可更广泛，不同省份的企业已经建立起更为密切的专利合作关系。

4.2.2.1 专利被引用情况分析

表 4-11　　　　　　　　　年度专利被引用数量　　　　　　　单位：件

国家	2009 年	2010 年	2011 年	2012 年	2013 年	2014 年	2015 年	2016 年	2017 年	2018 年
爱尔兰	95	85	40	45	30	35	60	5	5	10
澳大利亚	10761	10357	11031	11477	11731	10269	9410	8929	7231	4455
巴西	25540	2305	1511	365	306	310	255	202	173	59
德国	244277	228943	212552	196972	177017	163125	138888	117558	90174	53357
法国	32412	31501	30264	28618	23690	19431	15811	12517	8531	2845
加拿大	21265	23452	23659	22368	19315	16668	14656	11019	8618	3994
卢森堡	50	10	45	30	15	15	15	20	10	5
美国	6262543	5958583	5772738	5392541	4912603	4154968	5731833	2624843	1924323	1203961
挪威	596	468	489	420	399	384	418	550	390	165
葡萄牙	319	165	186	114	121	79	99	60	5	——
日本	1673106	1505736	1343075	1219428	1067486	873448	635440	462353	283924	118068
瑞典	290	857	650	731	601	682	525	460	300	110
瑞士	2620	2564	2189	2081	1746	1276	1130	830	490	205
以色列	336	205	318	297	173	194	89	147	104	107
印度	1045	1064	1243	1204	1491	1272	1264	2882	2436	1666
英国	33246	31616	31409	31790	25902	22246	17624	13074	9573	4115
中国	2862370	3326698	3991814	4579462	5020937	5209947	5692644	5997362	5634299	4559590

资料来源：根据世界知识产权组织专利数据库 2009—2018 年数据整理。

专利被引用代表此项专利技术具有较高的先进性和价值，即该专利对某特定方面的技术具有开创性的价值和创新，因此后续准备申请的专利技术会引用此项专利技术的相关信息以便证明准备申请专利的技术来源和创

新性。从表 4-11 中可以看出，美国和日本、德国这些专利强国在专利引用的数量上呈现出不断下降的趋势，变化幅度十分明显。但随着时间推移，中国专利的引用次数在 2009—2016 年的增速非常明显，这从某种程度上也反映了中国创新能力正在不断提升。

4.2.2.2　专利实施及保护制度不完善，转让转化活跃度不稳定

中国专利实施及保护制度不完善，转让转化活跃度较为不稳定。栾春娟等（2021）研究美国专利在中国转让的网络演进时发现，中国在数字通信领域很难获得外部的技术资源，域外企业已经形成专利战略联盟抢占中国市场，实现技术垄断，中国企业将面临更加严峻的挑战和更加复杂的专利纠纷，这也说明专利相关的制度完善面临的形势十分严峻，也亟须专利制度的优化和升级。王珊珊和周鸿岩（2021）认为，专利诉讼与行业专利密集及企业专利数和专利族布局有较大关系，大多数企业在美国的专利数量较多致使其与美国公司或在美国的诉讼也较多。

专利许可目前分为自愿开放许可与强制开放许可两类，但是由于强制开放许可主要起威慑作用，实施实例极为罕见，因此绝大部分国家都只引入自愿开放许可。中国 2020 年 10 月 17 日审议通过的《中华人民共和国专利法》第四次修改案引入了自愿开放许可，但是目前还有较多争议，且实施效果有较大的不确定性。万小丽等（2020）研究发现，专利开放许可制度对促进许可交易的作用是有限的，期望借此显著提高实施率并不切合实际，它只是一项可供选择的许可模式。Foster（2021）通过研究新冠疫情带来的肯尼亚移动支付巨头 M-Pesa 知识产权受到的影响，发现随着知识产权变得更加全球化，研究全球贸易的学者批评了知识产权制度能够缩小国内创新能力的观点，它揭示了全球知识产权保护的一些过程，产权制度和跨境知识产权实践形成了不均衡的结果和权力。

4.2.2.3　创新生态系统不够完善，价值活跃度不够强

柳卸林等（2018）研究发现，世界科技强国的国家创新生态体系主要由三个方面构成：国家对科技的需求和战略、国家发展科技的供给能力和基础要素条件科技运营各个要素相关制度设计。其中，制度设计包括知识产权保护程度。Oh et al.（2016）认为，创新生态体包括创业企业、科研人员密度、创新氛围、资本获取、制度规范和监管环境六个方面。王曰芬等

（2020）研究了人工智能领域的企业核心专利识别与演化，发现在产业领域核心技术拥有者中，研发实力强大的公司一直占据着关键地位。Lee et al.（2021）研究了专利的间接联系（Patents with Indirect Connection，PIC），并设计出一套合理的算法，以便未来更好地建立专利申请和保护策略。

4.2.3　专利贸易分析

4.2.3.1　专利贸易趋势

专利的价值要持续地展现或获得真正的经济收益，需要专利自身具备价值，可以转让给其他人获取价值，可以通过国际贸易获得收益，具有生命力且有足够的活跃程度。因此，本部分对专利贸易竞争力指数与专利活跃度、价值活跃度、转让活跃度、贸易活跃度等进行了深入分析。Petruz-zelli et al.（2015）研究了专利技术宽度、权力要求、专利的新颖性等 6 个指标发现，不同的因素对专利的影响在不同行业和组织边界所确定的领域中是不同的。

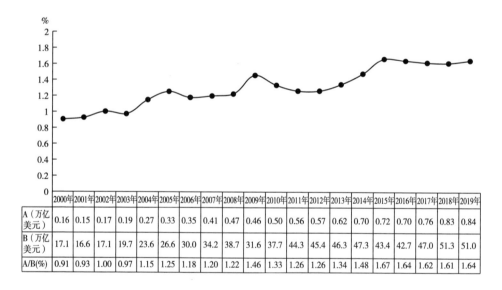

	2000年	2001年	2002年	2003年	2004年	2005年	2006年	2007年	2008年	2009年	2010年	2011年	2012年	2013年	2014年	2015年	2016年	2017年	2018年	2019年
A（万亿美元）	0.16	0.15	0.17	0.19	0.27	0.33	0.35	0.41	0.47	0.46	0.50	0.56	0.57	0.62	0.70	0.72	0.70	0.76	0.83	0.84
B（万亿美元）	17.1	16.6	17.1	19.7	23.6	26.6	30.0	34.2	38.7	31.6	37.7	44.3	45.4	46.3	47.3	43.4	42.7	47.0	51.3	51.0
A/B(%)	0.91	0.93	1.00	0.97	1.15	1.25	1.18	1.20	1.22	1.46	1.33	1.26	1.26	1.34	1.48	1.67	1.64	1.62	1.61	1.64

注：A 为知识产权贸易总额，B 为贸易总额。

图 4-8　全球知识产权贸易总额占贸易总额的百分比

（资料来源：根据世界知识产权组织专利数据库 2000—2019 年数据整理）

从图 4 - 8 可以看出，全球知识产权贸易占比整体呈现上升的趋势，不同年度之间略有波动。

4.2.3.2　专利转让次数

图 4 - 9 中（a）（b）分别为中美两国发明专利数和转让专利数的比较，美国专利转让数远远高于中国，2009—2020 年美国专利转让数约为中国的 4.2 倍，而专利数约是中国的 1/4，这其中不包括研发组织自身产业化的专利。可能的原因有：第一，美国从 20 世纪开始一直比较关注研发投入，其创新技术的先进性和创新性领先全球其他国家，其他国家为了跟上全球技术的发展，引进美国的专利技术；第二，近 10 年中国在研发投入方面整体呈上升趋势，但是由于研发投入总额不够、技术创新相对薄弱，创新速度相对缓慢；第三，中国的研发创新在逐步从跟随创新到引领创新的过程中，研发投入强度仍略显不足，需进一步促进技术创新与引领。

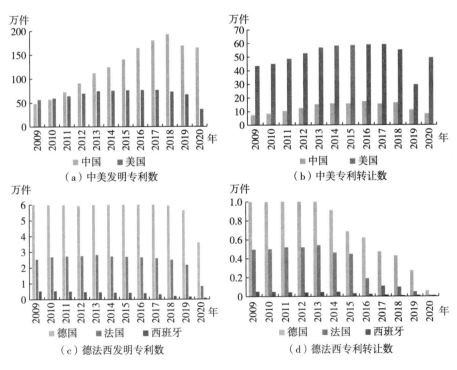

图 4 - 9　中美德法西五国专利转让数比较

（资料来源：德温特专利数据库）

图 4-9 中（c）（d）分别为德国、法国、西班牙三个国家的专利数和专利转让数比较，整体年度发明专利数在 10 万件以下，转让专利数不到 1 万件。三个国家相比，德国专利转让数最多，西班牙专利转让数最低。法国发明专利总数和转让总数从 2014 年以后呈现持续下降的趋势。从图 4-9 整体看出，五个国家 2020 年发明专利总数都在降低，发明专利的转让数均呈现下降趋势，美国 2020 年的专利转让数比 2019 年高，这可能是受到新冠疫情的影响，致使其他国家引进美国专利技术的数量在快速增加。

4.2.3.3　GDP 排名前 10 的国家专利贸易竞争力指数比较分析

本部分选取 2020 年 GDP 排名前 10 的国家的专利贸易竞争力指数，对其 2009—2020 年的指数变化进行对比（见图 4-10）。从图 4-10 可以看出，中国持续 11 年专利贸易竞争力指数处于 -1 ~ -0.7，即这期间专利的出口额远远低于进口额，在专利贸易上处于竞争力极端劣势地位。美国在 2009—2020 年知识产权贸易竞争力指数稳定在 0.5 以上，与其他国家相比，美国的专利贸易竞争力指数具有极端优势。印度在 2020 年的 GDP 排名为第五，在 2009—2016 年，除了 2010 年和中国持平，其他年份均高于中国。从 2020 年 GDP 前 10 名的国家来看，中国的专利贸易竞争力指数在 2009—2016 年最低，2017—2020 年上升趋势较快，超过了印度，也说明中国专利贸易还有很大的改善、提升和发展的空间。杨中楷（2009）通过研究有效专利模型分析了有效专利的分布情况，发现中国的有效专利的有效期普遍

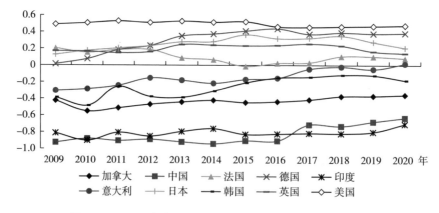

图 4-10　2020 年度 GDP 排名前 10 的国家专利贸易指数变化

（资料来源：根据世界发展指标数据库 2009—2020 年数据整理）

偏短，高质量核心专利数量不多。从 2009—2020 年的专利贸易趋势变化可以看出中国专利的国际竞争力偏弱，短期内通过专利出口转让或者授权获得收益难度较大。

从图 4-10 还可以看出，专利贸易竞争力指数在零以上的国家基本保持稳定，专利贸易竞争力指数在零以下的国家也基本保持稳定，仅有法国在 2015 年的专利贸易竞争力指数是零以下，其他年度专利贸易竞争力指数大于零，说明其专利出口获益大于进口支付。其中，中国、印度、加拿大、意大利的专利贸易竞争力指数在 2009—2020 年均有所增长，说明这些国家的专利贸易竞争力指数在逐步增强。2020 年度受到新冠疫情的影响，在 GDP 排名前 10 的国家中，中国、印度、意大利三个国家的专利贸易竞争力指数增长显著，而日本、英国、韩国下降明显，美国、德国、加拿大趋于缓慢变化，说明当外部环境出现重大变化时，国家对外部环境的应对能力会致使专利贸易竞争力指数发生较大变化，整体处于专利贸易竞争力优势地位的国家的适应能力不如专利贸易竞争力处于劣势的国家。

4.2.3.4　最具竞争力优势的国家比较分析

本书对选取的样本国家在 2009—2020 年的数据开展进一步分析得出，专利贸易竞争力指数平均数据处于 0~1 的国家有 8 个，分别是法国、德国、日本、英国、美国、瑞典、瑞士、丹麦，对这些国家进行数据变化趋势绘制如图 4-11 所示。2009—2020 年，美国的专利贸易竞争力指数都在 0.5 上下徘徊，2016 年有明显的下降趋势，2016—2020 年虽逐步上升，整体上看美国均处于专利贸易竞争优势的状态，但仍略低于 2016 年之前的指数。瑞典的专利贸易竞争力指数在 2009—2020 年变化明显，在 2010 年和 2016 年有短暂的上升趋势，但整体是下降趋势，2020 年持续下降至零以下，这说明其专利创新的数量、质量可能都不理想，不难看出 11 年间瑞典从专利贸易竞争力优势的国家逐步发展成为专利贸易竞争力劣势的国家。丹麦在 2009—2020 年专利贸易竞争力指数变化呈现了倒"U"形的趋势，2009 年专利贸易竞争力指数达到了 0.3，而 2012 年降低到 0.2，但是 2015 年之后的 6 年时间里，丹麦的专利贸易竞争力指数显著增加，尤其是 2020 年的新冠疫情并没有给丹麦的专利贸易竞争力指数带来冲击，其指数变化仍然呈现稳中上升的趋势。德国在 2009—2020 年出现了正"U"形的趋

势，2009—2016 年，德国专利贸易竞争力指数处于快速增长期，从 0.014
到 0.43，增长了 30 倍，而 2017 年德国的专利贸易竞争力指数出现显著下
滑，后 3 年时间内相对稳定，2020 年的外部的新冠疫情对其影响不大。由
于 2020 年受到新冠疫情的影响，在最具有专利贸易竞争力优势的 8 个国家
中，丹麦的专利贸易竞争力指数增长显著，美国和德国在此年度专利贸易
竞争力指数变化不大，而日本、英国、瑞士、瑞典、法国专利贸易竞争力
指数下降明显，这组数据也再次说明外部环境对专利贸易竞争力指数的影
响十分显著，需要重视。

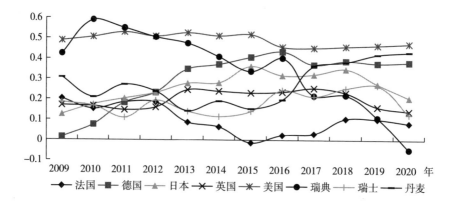

图 4 - 11　平均专利贸易竞争力指数处于 0 ~ 1 的国家

（资料来源：根据世界发展指标数据库 2009—2020 年数据整理）

4.2.3.5　竞争力劣势的国家比较分析

通过对选取的样本国家 2007—2016 年的数据进行分析，各国专利贸易
竞争力指数平均数据处于 - 1 ~ - 0.9 的有 7 个国家，分别是智利、印度尼
西亚、墨西哥、巴基斯坦、秘鲁、菲律宾和泰国（见图 4 - 12）。缺乏自主
知识产权的国家依赖知识产权的进口远远大于其出口，处于劣势地位。

泰国、印度尼西亚、菲律宾这三个国家都处于东南亚地区，它们的专
利贸易竞争力指数都非常低且相对平稳，基本在 - 0.95 左右波动。考虑地
域环境因素及国家经济结构因素的作用，以上几个国家的经济发展主要以
第一产业为主，在科技研发投入方面较为薄弱，因此它们的专利出口额远
低于专利进口额。

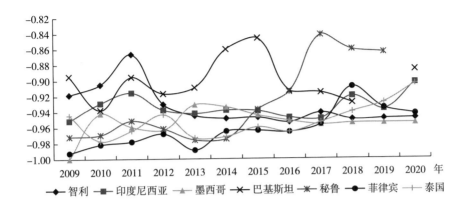

图 4 - 12　平均专利贸易竞争力指数处于 -1 ~ -0.9 的国家

（资料来源：根据世界发展指标数据库 2009—2020 年数据整理）

中国在 2007—2016 年专利贸易竞争力指数一直在 -0.8 左右波动。随着研发投入的加大，中国技术创新能力增强，其专利贸易竞争力指数整体有上升趋势，但仍处于相对竞争劣势。虽然中国是贸易出口大国，在科研领域的研发投入费用也非常高，但是知识产权保护意识薄弱，专利自身价值不高，可转化率非常低，且研发投入效率不高，导致专利出口竞争力提升困难。随着经济的发展，国际贸易的主要形式转化为专利贸易活动，因此中国想要促进经济稳步发展，增强国际贸易竞争力，必须努力提升知识产权的竞争优势，加强对知识产权的保护措施，同时，努力提高知识产权转化率以及研发投入效率。

2020 年 GDP 排名前 10 国家的专利贸易竞争力指数的比较分析，和专利贸易竞争力最具优势和最具劣势国家的比较分析，均可以看出 10 年间各国的变化趋势差异巨大。因此，各国专利贸易竞争力指数变化除受本国的政策、环境、经济结构等主要因素的影响外，外部环境的影响也不可忽视。

4.2.4　战略新兴产业专利申请情况

4.2.4.1　新一代信息技术产业专利申请现状

从表 4 - 12 可以看出，2019 年，中国的信息技术产业的专利申请数是

2009 年的 8.20 倍，印度是 2009 年的 5.96 倍，韩国是 2009 年的 2.85 倍，美国只有 2009 年的 1.63 倍，英国是 2009 年的 1.55 倍，日本是 2009 年的 0.52 倍，这说明中国新一代信息技术产业的技术创新获得了长足发展，专利产出成果比较丰硕。单从 2019 年的数据可以看出，中国的专利申请数就是美国专利申请数的 1.74 倍、英国的 144.44 倍、日本的 16.13 倍，可见中国在新一代信息技术产业的专利申请数无论从增长率还是总数上都处于绝对优势地位。

表 4-12　　　　新一代信息技术产业 2009—2019 年各国申请专利数　　　单位：件

序号	国家	2009 年	2010 年	2011 年	2012 年	2013 年	2014 年	2015 年	2016 年	2017 年	2018 年	2019 年
1	澳大利亚	42	88	100	109	90	139	124	113	127	85	119
2	巴西	40	47	70	65	77	58	58	49	46	43	35
3	加拿大	87	104	98	105	104	108	92	97	85	46	77
4	中国	1938	2266	3103	3789	4791	5310	6575	8998	12173	12235	15888
5	法国	75	108	92	63	95	113	78	88	113	119	123
6	德国	111	120	134	149	148	98	96	176	187	149	146
7	印度	51	56	64	66	118	97	155	158	188	290	304
8	日本	1881	1910	2040	1866	2049	1862	1839	1789	1562	1068	985
9	俄罗斯	50	69	83	81	87	84	106	79	72	65	88
10	韩国	554	633	582	772	858	580	637	766	836	803	1581
11	英国	71	137	189	242	198	188	139	155	95	108	110
12	美国	5598	5779	5940	6908	7991	9055	9253	9293	10207	9872	9121

资料来源：根据德温特专利数据库整理。

从 2009—2019 年整体来看，英国新一代信息技术产业专利申请数处于低位，尽管印度专利申请数增长率高且专利申请数在逐年递增，但其 2019 年也只有 304 件专利申请。2009 年新一代信息技术产业专利申请数排名前 3 的国家为美国、中国、日本，2019 年专利排名前 3 的国家为中国、日本和韩国，这充分说明中国和韩国的新一代信息技术产业专利申请的持续性较好，较美国和日本的增长速度更快，竞争优势地位显著。

4.2.4.2　生物产业研发投入的现状

从表 4-13 可以看出，2019 年生物产业的专利申请数与 2009 年相比，中国是 1.20 倍，印度是 3.07 倍，韩国是 1.27 倍，美国只有 1.02 倍，英国是 0.70 倍，日本 0.75 倍，可以看出印度生物产业专利申请数增长率最高。仅从 2019 年来看，中国的专利申请数量是美国的 2.58 倍、英国的 354.29 倍、日本的 5.29 倍、印度的 29.88 倍。

表 4-13　　　　　生物产业 2009—2019 年各国申请专利数　　　　单位：件

序号	国家	2009 年	2010 年	2011 年	2012 年	2013 年	2014 年	2015 年	2016 年	2017 年	2018 年	2019 年
1	澳大利亚	139	184	138	142	138	156	167	160	140	23	126
2	巴西	59	84	97	100	78	81	86	92	101	105	105
3	加拿大	175	183	132	168	144	158	116	120	119	125	112
4	中国	2062	2133	2481	2781	3941	4194	5209	5226	4456	3415	2480
5	法国	27	141	33	29	27	30	33	19	19	20	30
6	德国	24	34	20	25	19	20	14	28	31	38	23
7	印度	27	32	22	35	47	84	49	37	47	49	83
8	日本	628	598	487	576	554	756	683	702	688	559	469
9	俄罗斯	195	188	217	196	212	185	183	188	206	111	138
10	韩国	186	194	184	166	140	200	211	227	193	244	236
11	英国	10	15	13	6	10	10	15	13	27	10	7
12	美国	943	1066	885	961	1068	1209	1194	1293	1285	1087	961

资料来源：根据德温特专利数据库 2022 年 3 月整理。

从专利申请数量整体来看，英国处于低位，印度尽管专利申请增长率高但专利申请数不高。2009 年和 2019 年生物产业专利申请数排名前 3 的均为中国、美国和日本，这充分说明三个国家的生物产业专利申请的持续性比较好，竞争优势地位显著。

4.2.4.3　新能源汽车产业研发投入的现状

从表 4-14 可以看出，2019 年新能源汽车产业专利申请数与 2009 年相比，中国是 3.19 倍，印度是 5.40 倍，韩国是 1.09 倍，巴西是 1.03 倍，美国是 2.20 倍，英国是 0.93 倍，日本是 0.87 倍，可见印度在新能源汽车产业专利申请数量的增长率最高。仅从 2019 年来看，中国的专利申请数量是美国的 3.72 倍、英国的 164.74 倍、日本的 4.82 倍、印度的 28.30 倍，说明中国在新能源汽车产业的研发投入产出效率很高，处于高速发展阶段。

表 4-14　　　　新能源汽车产业 2009—2019 年各国申请专利数　　　单位：件

序号	国家	2009 年	2010 年	2011 年	2012 年	2013 年	2014 年	2015 年	2016 年	2017 年	2018 年	2019 年
1	澳大利亚	55	75	65	79	55	67	32	91	63	39	36
2	巴西	107	141	163	120	109	123	101	119	141	113	110
3	加拿大	70	116	126	118	115	143	125	95	86	72	75
4	中国	2011	2119	2848	3148	3263	3624	4196	4869	5586	6520	6425
5	法国	283	325	262	240	224	284	290	267	350	362	272
6	德国	552	533	656	612	661	633	640	822	1010	1010	983
7	印度	42	51	62	66	125	104	93	119	148	147	227
8	日本	1524	1521	1851	1945	1770	2068	1932	2020	2278	1730	1333
9	俄罗斯	98	135	173	144	150	139	179	129	108	116	77
10	韩国	500	797	706	685	576	748	661	553	607	534	545
11	英国	42	38	65	70	79	52	88	59	63	44	39
12	美国	784	822	957	1170	1252	1655	1801	2096	2140	2063	1727

资料来源：根据德温特专利数据库 2022 年 3 月整理。

整体而言，2009—2019 年，英国的新能源汽车产业专利申请数处于低位，而印度专利申请增长率高但专利申请数不高，2019 年仅有 227 个，与其他新能源汽车产业发展迅速的国家相比还有不少差距。2009 年和 2019 年新能源汽车产业专利申请排名前三的国家均为中国、日本和美国，这表明三个国家新能源汽车产业专利申请的持续性比较好，竞争优势地位显著。

4.2.4.4　高端装备制造产业研发投入的现状

从表 4-15 可以看出，2019 年高端装备制造产业专利申请数与 2009 年相比，中国是 6.85 倍，印度是 4 倍，韩国是 1.29 倍，德国是 2.42 倍，美国是 5.44 倍，英国是 0.57 倍，日本是 0.25 倍。从各国高端装备制造产业专利申请前后 10 年的变化中可以看出中国在此产业专利申请数量的增长率在样本国家中居首位。仅从 2019 年来看，中国的专利申请数量是美国的 9.67 倍、英国的 710.5 倍、日本的 21.7 倍、印度的 236.8 倍。整体而言，2009—2019 年，英国和印度高端装备制造产业处于低位。2009 年高端装备制造产业专利申请排名前 3 的国家为日本、中国、韩国，2019 年排名前 3 的为中国、美国、德国，说明日本、韩国在高端装备制造产业的专利申请领域已经不处于领先地位，除了中国的专利增长率猛增外，美国、德国的专利申请在稳步增长。

表 4 – 15　　　　高端装备制造产业 2009—2019 年各国申请专利数　　　单位：件

序号	国家	2009 年	2010 年	2011 年	2012 年	2013 年	2014 年	2015 年	2016 年	2017 年	2018 年	2019 年
1	澳大利亚	7	7	13	15	12	11	6	10	8	7	10
2	巴西	10	8	8	27	20	10	2	24	8	9	6
3	加拿大	15	12	9	26	19	9	11	14	15	4	13
4	中国	415	469	768	1003	1103	1183	1261	1492	1868	2352	2842
5	法国	7	13	12	7	8	95	6	12	3	9	8
6	德国	62	45	70	76	119	93	124	117	150	134	150
7	印度	3	4	6	7	9	10	7	7	10	4	12
8	日本	534	398	357	361	361	366	292	316	247	172	131
9	俄罗斯	16	10	30	22	30	12	23	24	30	29	10
10	韩国	65	96	98	100	141	115	180	48	67	115	84
11	英国	7	10	7	8	7	18	6	15	8	8	4
12	美国	54	52	88	123	294	281	321	266	355	268	294

资料来源：根据德温特专利数据库 2022 年 3 月整理。

第5章 研发投入与经济增长的实证分析

5.1 模型设定和变量选取

本书数据选取以 OECD 和 RCEP 成员国 2009—2019 年数据为主，但由于 RCEP 成员国大多为发展中国家，且缅甸、斯洛文尼亚、老挝、印度尼西亚、文莱、柬埔寨 6 个国家的专利数据不全，因此增加印度和俄罗斯两个国家，最后共得到包括中国、美国、日本、法国、德国在内的 45 个国家面板数据进行研究，并同步控制了产业集群发展程度、员工培训程度、海关关税、买家成熟度等因素，进而深入考察研发投入对经济增长的影响。

5.1.1 模型设定

结合前文的理论分析，本书进一步引入计量模型对研发投入和经济增长之间的关系进行研究，模型设计如下：

$$Y_{it} = \beta_0 + \beta_1 r d_{it} + \beta_2 X_{it} + \lambda_i + \mu_t + \varepsilon_{it} \tag{5-1}$$

式中：i 为国别；t 为年份；Y_{it} 为研发投入之后的创新产出，为本书的被解释变量，选取 GDP 数据为其替代变量；β_0 为常数项；β_1 刻画研发投入对经济增长的参数估计大小，是本书的关键参数；$r d_{it}$ 为研发投入，为本书的核心解释变量；β_2 为控制变量的估计系数结果；X_{it} 为控制变量合集；λ_i 为个体效应，用来控制各个国家不随时间变化的个体特征；μ_t 为时间效应，用来控制所有年份的固定效应；ε_{it} 为随机扰动项。

5.1.2 变量选取

OECD 的成员国多为发达国家，而本书希望研究不同经济发展阶段国家的研发投入对经济增长的影响，故又选取 RCEP 的成员国进行对比分析。参考已有文献，并考虑到数据可得性，本节选取了 OECD 和 RCEP 数据齐全的成员国以及俄罗斯和印度共 45 个国家 2009—2019 年的数据，通过实证分析，验证了研发投入对经济增长的影响。本书实证分析引用两个数据来源：一是世界银行提供的世界发展指标，涉及全球 150 多个国家的经济、研发、健康等领域，包括国内生产总值、国民总收入、研发投入占比、入学率及教育程度、特定疾病的患病率、专利的进出口等指标；二是全球竞争力指数（Global Competitiveness Index，GCI），该指数为世界各国处于不同发展阶段的竞争力状态提供了 12 个方面的信息和判断依据。

（1）国内生产总值（gdp），为本书的被解释变量。本书主要是以国内生产总值的变化，确定经济的增长。由于数据值较大，因此对其进行了对数化处理。

（2）研发投入（rd），为本书的核心解释变量。研发投入是研发投入费用总和，国际会计准则中规定研究和开发费用包括人员成本以及培养费用、研发过程中的设备与原材料费用、因为研发需要购置的不动产费用、将专利成果转化需要用到的厂房和设备的维护费用和折旧费用。本书研发投入数据是根据世界经济发展指标中研发投入占 GDP 的百分比，其统计的一致性和客观性都比较好。为消除异方差，获得平稳数据，本书对计量模型进行对数化处理。

（3）控制变量（X）。为尽可能减少遗漏变量造成的偏误，在参考相关文献的基础上，本书选取了以下变量作为本书的控制变量。

产学研合作。创新是国家长期发展的保障，也是科研机构、大学的长期发展的追求，科研机构和大学有比较好的技术平台、人才储备和政策资源，而企业具备很好的产业化的厂房、设备及管理理念，因此产学研的合作对研发投入和专利的转化有理论上的促进作用。吴玉鸣（2015）的相关研究指出，产学研的 R&D 合作行为对创新绩效的提升效果显著。

贸易关税税率。贸易关税直接影响两个国家之间的贸易，专利作为进出口贸易的一种商品，一国关税政策的改变将直接影响专利转让的成功率。如 2022 年 1 月 RCEP 生效后，中国和很多成员国家之间开始实施零关税的互惠互利的关税政策，无疑会对政策相关国家的专利转让率产生影响。

产业集群发展程度。本书重点研究研发投入带来的创新对经济增长的促进作用，而专利是创新的成果，当专利开始转化成商业产品时，则需要上中下游的整个产业链的共同支持，单一企业较难获得持续发展，因此产业集群必不可少。对全球各国产业集群发展程度进行评价，得分高的产业集群发展程度就高，更有利于专利的转让和实施。

员工培训程度。员工的能力和技术水平首先来自大学的培养，但大学的知识有时滞后于实际需求，因此当从其大学毕业进入企业后，处于竞争环境中的企业需要时刻紧跟全球的技术，在这种外部竞争的情况下，企业对研发人员持续的内外部培训或者教练式培训对提升技术人员的创新能力和管理能力非常重要。对全球各国参加研发人员的培训程度进行评价，得分越高，员工培训的程度越高，代表研发投入劳动力的专业度和层次越高。

买方成熟度。刘伟等（2020）的研究证明，市场化程度与企业技术创新绩效具有正相关性，而专利转让是供需关系变化的一种体现，但是专利是无形资产，买方只有将专利技术进行成果转化，才能从交易的专利技术中获益，因此买方成熟度在一定程度上能够会对专利转让产生影响，其影响因素有场地、机器设备、人才储备等。曲如晓和李雪（2020）研究发现，当企业吸收能力达到一定程度时，其他国家在中国的专利对国内企业创新表现为促进作用。

风险投资的可用性。一个国家的风险投资可用性较高对于高研发投入的企业创新比较有利，比如，投入周期较长的生物医药企业，如果可以借助风险投资的资金支持保证研发投入的持续性，资金投入越充足，创新获得成功的概率越大。对全球不同国家的风险投资可用性程度进行评价，得分越高说明其风险投资可用性越高。杜金岷等（2017）认为，金融生态环境的优化改善是扭转企业自身信息不对称、抑制创新动能的有效路径。

工资决定因素评价灵活性。技术创新需要研发人员投入时间、智慧和意愿，工资是衡量个人贡献相对有效的手段之一。鉴于研发人员的研发过程和成果的考核标准难以统一和明确，此时工资决定因素的灵活性衡量指标就比较关键。对全球不同国家的企业工资决定因素灵活性的程度进行评价，得分越高，灵活性越好。本书选取的相关变量信息见表5-1。

表 5-1　　　　　　　　　　　　各变量的分析

变量类型	变量名称	变量符号定义	变量说明
因变量	国内生产总值	gdp	GDP，现价美元
自变量	研发投入	rd	研发支出，现价美元
控制变量	产学研合作	$unidrd$	产学研合作（1-7）
	贸易关税税率	$tariffrate$	关税税率，适用所有产品（%）
	产业集群发展程度	$cluster$	集群发展状况（1-7）
	员工培训程度	$staftrain$	员工培训程度（1-7）
	买方成熟度	$buysoph$	买家成熟度（1-7）
	风险投资的可用性	$vencap$	风险资本可用性（1-7）
	工资决定因素评价的灵活性	$flwage$	工资确定的灵活性（1-7）
	劳资关系的和谐程度	$colaemp$	劳资关系合作（1-7）
	市场支配程度	$mardom$	市场支配地位的程度（1-7）
	生产效率与工资支付灵活性	$payprod$	薪酬和生产力（1-7）

为了更好地研究和反映选取的数据的有效性，对本节选取数据的描述性统计见表 5-2。

表 5-2　　　　　　　　　　　各变量描述性统计

指标类型	变量名称	样本量	均值	标准差	最小值	最大值
被解释变量	国民生产总值（取对数）	495	26.85	1.52	23.30	30.70
解释变量	研发投入（取对数）	495	22.53	1.90	18.60	27.14
替换被解释变量	国民总收入（取对数）	495	26.82	1.54	23.08	30.71
控制变量	产学研合作	495	4.48	0.79	2.54	5.97
	贸易关税税率	495	3.64	2.25	0.14	12.03
	产业集群发展程度	495	4.34	0.69	2.79	5.77
	员工培训程度	495	4.55	0.64	3.06	5.86
	买方成熟度	495	4.01	0.62	2.55	5.64
	风险投资的可用性	495	3.32	0.76	1.70	5.60
	工资决定因素评价的灵活性	495	4.82	0.92	2.18	6.25
新增控制变量	劳资关系的和谐程度	495	4.82	0.71	2.99	6.27
	市场支配程度	495	4.36	0.78	2.40	5.99
	生产效率与工资支付灵活性	495	4.34	0.57	2.61	5.75

资料来源：根据全球竞争力指数（GCI）数据整理。

5.2 研发投入对经济增长的实证结果及分析

5.2.1 基准回归

本部分将进行研发投入对经济增长影响的回归分析。首先，选取 2009—2019 年 45 个国家的面板数据，采用双固定效应模型进行参数估计，具体回归结果见表 5-3。表 5-3 的第（1）~（3）列仅在模型中引入重要的解释变量，分析了在不引入其他控制变量因素的情况下，研发投入对经济增长的促进作用，其中列（2）仅考察了时间固定效应，列（3）在列（2）的基础上又增加了个体固定效应。为了尽可能降低由于遗漏变量而产生的偏误，表 5-3 中列（4）在列（1）的基础上增加控制变量，列（5）是在列（4）的基础上仅考察时间固定效应，而列（6）是在列（4）的基础上增加时间固定效应和个体固定效应，以探究在双固定条件下研发投入对经济增长的影响。

表 5-3　　　　　研发投入对经济增长影响的回归分析

变量	(1)	(2)	(3)	(4)	(5)	(6)
	gdp	gdp	gdp	gdp	gdp	gdp
rd	0.733 ***	0.733 ***	0.354 ***	0.750 ***	0.755 ***	0.321 ***
	(0.014)	(0.014)	(0.027)	(0.015)	(0.015)	(0.027)
控制变量	否	否	否	控制	控制	控制
时间固定效应	否	是	是	否	是	是
个体固定效应	否	否	是	否	否	是
_cons	10.33 ***	10.33 ***	20.60 ***	10.64 ***	10.54 ***	19.800 ***
	(0.319)	(0.331)	(0.694)	(0.321)	(0.325)	(0.813)
R^2	0.845	0.842	0.996	0.917	0.918	0.997
N	495	495	495	495	495	495

注：*、**、*** 分别表示估计系数在 10%、5%、1% 的水平上显著。

根据表 5-3 中的回归结果，比较模型中的列（1）和列（4）发现，在仅引入核心变量的情况下，列（1）回归结果表明，研发投入在 1% 的显著性水平上对经济增长有显著正向效应（0.733），列（4）在列（1）的基础上增加了相关控制变量后，研发投入 1% 显著性水平上对经济增长的影响仍然为正（0.750），且系数值基本不变，说明研发投入对经济增长的正向影响切实存在且相对稳定。列（2）和列（5）回归结果在 1% 显著性水平上均呈现正向影响，且估计系数基本值基本相等，结论与列（1）与列（4）相同。列（6）在列（1）的基础上增加时间固定效应、个体固定效应以及相关控制变量，其回归结果为正且在 1% 的水平上显著为正。不难发现，无论是否引入有关控制变量，无论是否控制个体固定效应和时间固定效应，研发投入对经济增长的估计系数均显著为正，即研发投入与经济增长呈正相关，这就表明研发投入对经济增长有显著的促进作用，该验证结果与前文理论模型分析结果保持一致。本书将以列（6）作为主要研究数据对回归结果展开讨论。

表 5 - 3 中列（6）研发投入（rd）的估计系数值为 0.321（1% 的显著性水平），说明研发投入对经济增长有显著的正向促进作用，且研发投入与经济增长的变动关系为：研发投入（rd）每增长一个百分点，则经济增长（gdp）可以提高 0.321 个百分点。可能的原因在于：第一，研发投入较多的企业，其发展基础更好，更具备获得收益的能力，从而正向促进经济增长；第二，研发投入高的企业，更容易获得社会资本的关注和投入，获得更多的资金支持，从而促进经济增长；第三，更多的研发投入有助于获得更多的知识产权，专利产业化概率增加，从而正向促进经济增长；第四，更多的研发投入，可以更吸引具备国际视野和全球竞争力的人才，从而提升技术的优化速度和创新速度；第五，更多的研发投入，可以增加企业在全球的竞争力，从而促进经济增长；第六，人力资本随研发投入的增加而增加，从而提升就业率，间接促进经济增长。研发投入是技术进步和创新的重要基础和条件，一国研发水平越高，则技术进步的概率越大，进而对经济增长的正向影响也越发显著。

5.2.2　稳健性检验

上述基准回归表明，研发投入对经济增长有积极影响，为了确保以上回归结果的可靠性，本书将通过以下两种方式对该回归模型进行稳健性检验。一是在基准回归模型的基础上，增加其他多个可能影响经济增长的控制变量，进而进一步减少由于遗漏变量可能产生的模型估计误差；二是更换被解释变量。

5.2.2.1 增加控制变量的稳健性检验

遗漏变量是模型估计中经常遇到的问题，考虑到影响经济增长的因素很多，无法穷举，而基准回归中只增加了一些较为重要的影响因素，因此，为了进一步检验基准回归估计结果是否可靠，本书在基准模型的基础上引入新的控制变量。考虑到本书在专利活跃度研究时选取的指标包含专利的转让数据，而专利贸易影响因素有市场支配程度、生产效率等，本书选取了包括劳资关系和谐程度、市场支配程度、生产效率与工资支付灵活性三个控制变量。（1）劳资关系和谐程度（colaemp），通过一套相同的标准统计和分析全球不同国家企业的劳动者和企业主之间的和谐程度，也就是对劳动纠纷的情况进行评价。在技术创新领域，研究开发人员往往都是科学家类型的工作，对工作之外的事情不会过多关注，和谐的劳资关系有利于保障科研人员的安心工作。现代管理较好的企业，除了和谐的劳资关系保障，还对科研人员给予比较好的配套设施，如住房改善、子女照顾、居家远程办公便利方式等，均有利于科研人员照顾家庭、享有完善的医疗保障以及养老方案，从而从不同层面保障和谐劳资关系。根据标准要求对统计结果进行评分，得分由高到低表示劳资关系和谐程度由高到低。（2）市场支配程度（mardom），市场支配程度又称市场优势地位，一般指厂商在某些特定市场上所具有的某种程度的支配或者控制力量。（3）生产效率与工资支付灵活性（payprod），提升生产效率是企业节约成本增加产出以获得较高经济效率的有效途径，提升工资支付灵活性可以在一定程度上激励员工从而提升员工的生产效率。根据全球不同国家该指标得分情况，得分越高说明其生产效率和工资支付灵活性越高。

增加控制变量的稳健性检验回归结果见表5-4。列（2）~列（4）是增加新控制变量情况下的回归结果，其估计系数符号与方向均为正，说明新增三个控制变量后，研发投入对经济增长仍为正向影响作用，和基准回归相比，并未发生显著变化。其中，列（4）是在控制时间固定效应和个体固定效应条件下的回归结果，估计系数在1%的水平上显著为正（0.319），与基准回归结果基本一致，进一步说明本书的结果是稳健可靠的。

表 5 - 4   研发投入对经济增长影响的稳健性检验（一）

变量	（1）	（2）	（3）	（4）
	gdp	gdp	gdp	gdp
rd	0. 321 ***	0. 764 ***	0. 775 ***	0. 319 ***
	(0. 027)	(0. 018)	(0. 018)	(0. 028)
新增控制变量		控制	控制	控制
控制变量	控制	控制	控制	控制
时间固定效应	是	否	是	是
个体固定效应	是	否	否	是
_ cons	19. 80 ***	6. 834 ***	6. 592 ***	19. 88 ***
	(0. 813)	(0. 440)	(0. 449)	(0. 840)
R^2	0. 997	0. 920	0. 920	0. 997
N	495	495	495	495

注：*、**、***分别表示估计系数在10%、5%、1%的水平上显著。

5.2.2.2 替换被解释变量的稳健性检验

在基准回归中，本书使用国内生产总值作为被解释变量代替研发投入的产出，本节是以人均国内生产总值（ggdp）作为经济增长的替代变量。人均国内生产总值可以很好地体现不同人口国家的经济的实际情况，作为研发投入创新总产出的替代变量是比较好的选择，因此本书进一步以人均国内生产总值替换原被解释变量展开讨论。

将人均国内生产总值作为解释变量后的估计结果见表 5 - 5。列（1）是未替换被解释变量的参数估计结果，列（2）~列（4）是用人均国内生产总值替换国内生产总值进行回归分析的结果，列（4）是在考虑控制变量的情况下个体和时间双固定情况下的估计结果，可以看出研发投入的估计系数在1%的水平上对人均国内生产总值的影响显著为正（0.312），即增加研发投入可以促进人均国内生产总值的增加，这与基准模型检验的结果相一致。

表 5-5　　　　　　研发投入对经济增长影响的稳健性检验（二）

变量	（1）	（2）	（3）	（4）
	gdp	ggdp	ggdp	ggdp
rd	0.321 ***	0.108 ***	0.103 ***	0.312 ***
	(0.027)	(0.018)	(0.018)	(0.024)
控制变量	控制	控制	控制	控制
时间固定效应	是	否	是	是
个体固定效应	是	否	否	是
_cons	21.28 ***	6.044 ***	6.026 ***	0.375
	(0.693)	(0.389)	(0.396)	(0.614)
R^2	0.997	0.714	0.712	0.993
N	495	495	495	495

注：*、**、***分别表示估计系数在10%、5%、1%的水平上显著。

为进一步检验基准模型的稳健性，本节以国民总收入（gni）作为经济增长的替代变量，检验研发投入对国民总收入的影响，进而检验本书基准模型的稳健性。表 5-6 中，列（1）是研发投入对国内生产总值的影响，列（2）～列（4）是研发投入对国民收入的影响，其中列（4）同时控制时间和个体固定效应且引入控制变量的回归结果，因此以列（4）的结果作为参照，可以看出其估计系数（1%显著性水平）为正（0.318），说明研发投入对国民总收入具有显著的正向关系，与基准回归结果相比，系数和符号并未发生显著变化，回归结果与基准模型检验的结果一致，说明基准回归的具有比较好的稳健性。

表 5-6　　　　　　研发投入对经济增长影响的稳健性检验（三）

变量	（1）	（2）	（3）	（4）
	gdp	gni	gni	gni
rd	0.321 ***	0.773 ***	0.779 ***	0.318 ***
	(0.027)	(0.015)	(0.015)	(0.028)
控制变量	控制	控制	控制	控制
时间固定效应	是	否	是	是
个体固定效应	是	否	否	是

续表

变量	(1)	(2)	(3)	(4)
	gdp	*gni*	*gni*	*gni*
_ *cons*	21. 28 ***	10. 28 ***	10. 18 ***	21. 46 ***
	(0. 693)	(0. 334)	(0. 338)	(0. 716)
R^2	0. 997	0. 914	0. 914	0. 997
N	495	495	495	495

注：＊、＊＊、＊＊＊分别表示估计系数在 10%、5%、1% 的水平上显著。

5.2.3　内生性检验

基准模型结果说明研发投入有助于促进经济增长，但经济发展越高的地区可能研发投入水平也越高，可能存在互为因果关系引致本书的内生性问题，导致实证结果出现偏差，基于此，本书通过采取工具变量来缓解模型可能存在的内生性问题。为缓解模型的内生性问题，本书采用 2SLS 进行估计。本书在工具变量的选择上参考黄凌云等（2018）的做法，选择了研发投入（rd）与其均值差值的三次方构造工具变量（iv_ rd），以便在尽可能减少模型中存在的内生性问题，同时，进一步对基准模型估计结果的稳定性再次进行验证。从表 5 - 7 的分析结果可以看出，无论是纳入控制变量还是控制时间、个体效应，工具变量的估计系数仍然显著，即研发投入对经济增长仍具有显著的正向促进作用，说明本书工具变量的选取具有合理性和有效性，也证明本书关于研发投入对经济增长影响的实证检验结果具有稳健性和可靠性。

表 5 - 7　　　　　　　　　　内生性检验

变量	(1)	(2)	(3)	变量	(4)	(5)	(6)
	rd	*rd*	*rd*		*gdp*	*gdp*	*gdp*
	第一阶段				第二阶段		
iv_ rd	0. 0541 **	0. 0559 **	0. 127 ***	*rd*	0. 0989 ***	0. 0968 ***	0. 102 ***
	(0. 022)	(0. 023)	(0. 013)		(0. 017)	(0. 015)	(0. 005)
控制变量	控制	控制	控制	控制变量	控制	控制	控制
时间固定效应	否	是	是	时间固定效应	否	是	是

变量	(1)	(2)	(3)	变量	(4)	(5)	(6)
	rd	*rd*	*rd*		*gdp*	*gdp*	*gdp*
个体固定效应	否	否	是	个体固定效应	否	否	是
F 统计量	—	—	228.71	F 统计量	—	—	228.71
_ *cons*	13.06***	12.75***	12.12***	_ *cons*	6.648**	7.034***	3.284***
	(1.639)	(1.654)	(1.184)		(2.771)	(2.527)	(0.999)
R^2	0.496	0.494	0.966	R^2	0.871	0.881	0.989
N	495	495	495	N	495	495	495

注：*、**、*** 分别表示估计系数在 10%、5%、1% 的水平上显著。

5.2.4 异质性分析

5.2.4.1 OECD 和 RCEP 成员国的异质性分析

OECD 于 1961 年成立，是由 38 成员国组成的政府间国际经济组织。《区域全面经济伙伴关系协定》（RCEP）于 2022 年 1 月 1 日正式生效，由 15 个成员国组成，RCEP 体现了地区国家参与经济整合的意愿，是当前以东盟为核心的多边贸易机制的升华，RCEP 各成员国之间的商品贸易关税互惠互利，将对全球经济融合与发展带来很好的促进作用和深远的影响。RCEP 是中国连接国内国际双循环的重要纽带，对中国构建新发展格局和经济强国具有重大意义和价值，标志着中国对外开放走进了新的阶段。

本书选择的 45 个样本国家中，有的国家同时属于 RCEP 和 OECD，如澳大利亚、日本、韩国、新西兰，而本书增加的印度和俄罗斯既不属于 RCEP 也不属于 OECD，因此本书将 45 个样本国家分为四类：第一，45 个全样本国家；第二，同时隶属于 OECD 和 RCEP 的国家；第三，仅隶属于 OECD 的国家，如爱尔兰、以色列、意大利、英国、美国等 33 个国家；第四，仅隶属于 RCEP 的国家，如中国、马来西亚、新加坡等 6 个国家。从表 5 - 8 来看，全样本和仅隶属于 OECD 的国家的估计系数相差不大，说明其对经济增长的正向影响作用相当。

具体来看，列（2）既是 RCEP 又是 OECD 的国家的估计系数（0.216）低于全样本的估计系数（0.321）；列（3）仅是 OECD 的国家的估计系数（0.315）；列（4）中仅属于 RCEP 的国家的估计系数（0.113）为列（3）估计系数（0.315）的 1/3 左右。表 5 - 8 的结果表明同时隶属于两个经济组织的国家，其研发投入对经济增长的正向影响作用低于全样本的国家，也低于仅属于 OECD 的国家。产生抑制性的可能原因有：OECD 成员国中以发达国家占主导地位，其研发和科技水平整体高于以东盟为主的 RCEP 成员国，使该区域经济体研发投入对经济增长的促进效应显著大于 RCEP 成员国。

表 5 - 8 OECD 与 RCEP 之间的异质性分析

变量	（1）	（2）	（3）	（4）
	全样本 gdp	OECD&RCEP gdp	OECD gdp	RCEP gdp
rd	0.321 ***	0.216 **	0.315 ***	0.113 **
	（0.027）	（0.080）	（0.040）	（0.048）
控制变量	控制	控制	控制	控制
时间固定效应	是	是	是	是
个体固定效应	是	是	是	是
$\_cons$	19.80 ***	19.49 ***	17.58 ***	26.45 ***
	（0.813）	（1.763）	（1.040）	（1.535）
R^2	0.997	0.997	0.997	0.999
N	495	44	363	66

注：*、**、*** 分别表示估计系数在 10%、5%、1% 的水平上显著。

5.2.4.2 处于不同经济发展阶段国家的异质性分析

本书对发达国家和发展中国家进行深入的异质性分析和对比，结果如表 5 - 9 所示。列（1）是全样本 45 个国家整体，列（2）是样本中的发展中国家，其回归系数（0.217）为正，且在 1% 的水平上显著，说明发展中国家的研发投入对经济增长有积极的促进作用。列（3）是样本中的发达国家，其回归系数（0.363）为正，且在 1% 的水平上显著，说明发达国家的研发投入对经济增长也有积极的促进作用。列（3）的估计系数（0.363）明显大于列（2）的估计系数（0.217），说明发达国家的研发投入对经济增长的正向影响大于发展中国家的影响。列（4）为 OECD 中的发展中国家的回归分析，其估计系数（0.213）和全样本发展中国家的回归分析的估计系数基本一致。列（5）是 OECD 中发达国家的回归结果，其估计系数（0.440）大于全样本 45 个国家中发达国家的估计系数（0.363），说明 OECD 中发达国家的研发投入对经济增长的正向促进作用大于全样本中的发展中国家。列（6）是 RCEP 中的发展中国家的回归结果，其估计系数（0.113）低于列（4）的估计系数（0.213），说明 RCEP 中发展中国家的研发投入对经济增长的促进作用低于 OECD 中的发展中国家。其最终结果表明，无论是全样本发达国家，还是 OECD 发达国家，研发投入对经济增长的促进效应均显著大于发展中国家。产生异质性的可能原因有：第一，发达国家经济基础好，研发基础设施及人才储备更为充足；第二，发达国家比发展中国家的创新体系更为完善，创新成果转化体系更加适应市场的需求；第三，发达国家比发展中国家的研发投入产生的创新成果多、技术先进性强，从而更有利于促进国家经济的增长；第四，发达国家比发展中国家有更多的社会资源可以投入研发创新中；第五，发展中国家由于技术储备不足，更多地处于跟随者的地位，研发成本更高，创新难度更大。

表 5-9　　　　　　　　　　经济处于不同发展阶段异质性分析

变量	（1）全样本	（2）全样本中发展中国家	（3）全样本中发达国家	（4）OECD中发展中国家	（5）OECD中发达国家	（6）RCEP中发展中国家
rd	0.321 ***	0.217 ***	0.363 ***	0.213 ***	0.440 ***	0.113 **
	(0.027)	(0.034)	(0.061)	(0.051)	(0.061)	(0.048)
控制变量	控制	控制	控制	控制	控制	控制
时间固定效应	是	是	是	是	是	是
个体固定效应	是	是	是	是	是	是
_ cons	19.80 ***	22.86 ***	16.37 ***	19.62 ***	14.36 ***	26.45 ***
	(0.813)	(1.068)	(1.643)	(1.375)	(1.617)	(1.535)
R^2	0.997	0.997	0.997	0.996	0.997	0.999
N	495	231	264	132	231	66

注：*、**、*** 分别表示估计系数在 10%、5%、1% 的水平上显著。

5.2.4.3　战略新兴产业的异质性分析

本书选取了战略新兴产业的新一代信息技术、生物、新能源汽车、高端装备制造四个产业,探究四个产业研发投入对经济增长的影响,其回归分析如表5-10所示。列(1)~列(4)为四个产业的研发投入对经济增长的回归结果,其估计系数均为正且在1%的水平上显著,其中新一代信息技术产业的研发投入对经济增长的促进作用最强,其估计系数为(0.999)大于其他三个产业,生物产业的研发对经济增长的促进作用最低,其估计系数(0.856)小于其他三个产业。四个战略新兴产业的研发投入对经济增长的促进作用中,高端装备制造产业位列第二,新能源汽车产业第三。四个产业结果存在异质性的原因有:第一,新一代信息技术产业是近20年各国研发投入的重点行业,信息技术产业影响每个人的生活和工作,创新成果转化后容易得到推广和使用,产生的创新成果较多,对经济增长的促进作用更为明显;第二,尽管新能源汽车有足够的市场前景,但原有的汽车产业在短时间内也较难被替代,原有的汽车产业和新能源汽车产业之间的竞争仍然十分激烈,新能源汽车的技术成熟度还需要逐步完善和提升;第三,生物产业起步较晚,且其研发周期较长致使其研发投入的风险相对较高,这将导致中短期经济增长并不明显,从而研发投入对经济增长的促进作用弱于新一代信息技术产业。

表5-10 四大战略新兴产业的异质性分析

变量	(1) 新一代信息技术 gdp	(2) 生物 gdp	(3) 新能源汽车 gdp	(4) 高端装备制造 gdp
rd	0.999 ***	0.856 ***	0.983 ***	0.894 ***
	(0.070)	(0.146)	(0.313)	(0.170)
控制变量	控制	控制	控制	控制
时间固定效应	是	是	是	是
个体固定效应	是	是	是	是
_ cons	−1.952	−7.102	−1.274	−15.87 ***
	(2.065)	(6.362)	(1.867)	(5.485)
R^2	0.952	0.905	0.933	0.940
N	70	70	63	42

注:*、**、***分别表示估计系数在10%、5%、1%的水平上显著。

表5-3的基准回归中,全样本回归系数为(0.321),由表5-10可

知，新一代信息技术产业下研发投入的回归系数（0.999）、生物产业的研发投入对经济增长的回归系数（0.856）、新能源汽车产业研发投入对经济增长的回归系数（0.983）、高端装备制造产业的研发投入对经济增长的回归系数（0.894）。综上所述，从四大战略新兴产业的研发投入对经济增长的促进作用中可以看出，四个战略新兴产业的研发投入对经济增长的促进作用远远高于整体国家的数据回归结果（0.321），这可能是由于在国家整体层面上研发投入受各种外部因素的影响，但是战略新兴产业是众多国家的研发投入重点，因此其对经济增长的影响更显著。从四个战略新兴产业的研发投入对经济增长的促进效果来看，新一代信息技术最好，生物产业在四个产业中相对最差。产生这一现象可能的原因有：第一，新一代信息技术产业的技术创新速度与生物医药产业相比更快，企业信息技术的产品市场需求和接受度相对较好；第二，新一代信息技术产业的大企业较多，如华为、苹果等公司，公司整体的研发投入相对较大，公司的研发人才体系完善且人才聚集度高，容易产生创新成果和品牌效应；第三，生物产业的大部分产品关系到人类的健康，在制度法规方面比较严谨，且研发投入大、周期长、风险相对较大；第四，生物产业的技术壁垒比较强，模仿难度大、成本高，生物产业的研发投入带来的经济效益具有滞后性；第五，尽管都是战略新兴产业，每个样本国家的资源、发展程度以及经济实力不同，在战略新兴产业研发投入的策略上也会有一定差异，其对经济增长的影响程度也不尽相同。

5.3 小结

本章的主要目的是探究研发投入对经济增长的影响，选取 OECD 和 RCEP 成员国、俄罗斯和印度共 45 个国家的 2009—2019 年数据进行实证分析，同步对四大战略新兴产业的数据进行细分研究。通过研究得出以下结论：第一，基于国家创新层面以及战略新兴产业层面，研发投入对经济增长均具有较为积极的正向作用；第二，与发达国家相比，发展中国家的研发投入对经济增长的正向促进作用较低；第三，仅属于 OECD 的国家的研发投入对经济增长的正向影响大于仅属于 RCEP 的国家；第四，四个战略新兴产业的研发投入对经济增长的促进作用中，新一代信息技术产业第一，高端装备制造产业第二，新能源汽车产业第三，生物产业最后，且四个战略新兴产业的研发投入对经济增长的促进作用远远高于整体国家的数据结果。

第6章 专利活跃度的机制分析

在全球经济全球化发展的过程中，众多学者都研究了研发投入对经济增长的促进作用，但涉及专利活跃度的文章不多。研发投入的创新成果有的是以商业秘密的形式进行保护，有些是以专利的形式进行保护，由于以商业秘密进行保护的数据较难获取，因此本书选择以专利活跃度为变量进行分析。

6.1 专利活跃度

专利是无形资产，企业可以通过自主转化、专利转让、专利实施许可和专利引用等多种方式进行对其自主研发得到的专利进行转化或利用。第一，自主进行产业化，企业一般在研发的顶层策略上就已经明确要将研发之后的成果进行自主转化，因此自主产业化决策需要企业在研发过程中同步进行产业化需要的条件、资源以及各种配套的准备，此类方式下，企业既可以在本国进行产业化，也可以通过投资的方式到其他国家进行产业化；第二，专利转让，指通过转让的方式将本企业自主研发的专利权转让给其他企业或个人，通过转让获取收益以进一步扩大研发投入，专利转让的方式包括国内转让和国际转让，影响因素涉及贸易关税、国家的知识产权保护政策、买方的成熟度等；第三，专利实施许可，指专利技术所有人或授权人许可他人在约定的期限、地区内，以约定的方式实施其所拥有的专利，并向他人收取相应的使用费用；第四，专利引用，虽然较为常见，但由于专利引用获利空间不大，因此并不是申请专利的最终目标。

6.1.1 专利活跃度

Frame（1977）将活跃度指数引用统计学研究，并将其定义为

$$AI(C,F,P) = \frac{\dfrac{\text{一段时间内国家 } C \text{ 在 } F \text{ 领域论文数}}{\text{该时间段内国家 } C \text{ 所有领域的论文数}}}{\dfrac{\text{该时间段内所有国家在 } F \text{ 领域论文数}}{\text{该时间段内所有国家所有论文数}}} \quad (6-1)$$

式中：C 表示国家；F 表示领域；P 表示时间段。当 $AI(C,F,P) > 1$ 时，表示在 P 时间段内，国家 C 在领域 F 的研究成果具有竞争优势，在该领域处于引领地位；当 $AI(C,F,P) = 1$ 时，表示在 P 时间段内，国家 C 在领域 F 的研究成果达到了全球平均水平；当 $AI(C,F,P) < 1$ 时，表示在 P 时间段内，国家 C 在领域 F 的研究成果不具有竞争优势，在该领域只能处于追随者的地位。

专利的申请、保护、转化等是各国均在全力进行的工作重点之一，但专利活跃当前没有明确的定义，本书根据影响专利活跃度的因素对其进行界定和计算，如专利的申请、授权、有效性以及专利本身的价值先进性、专利价值的稳定性等都是其影响因素。本书将对研发投入产业化过程中专利涉及的环节进行量化，其中包括专利的申请、授权、引用、将影响专利价值的简单同族个数、专利的价值度星级综合得分、专利的技术稳定性综合得分、专利的技术先进性综合得分、保护范围总额和得分、专利家族总引证次数、引证次数、国家战略新兴产业专利占/样本国的占比、知识产权保护、贸易关税等，将各环节数据用熵权法的方法分析和测算得到专利活跃度指标。

由于全面获得某个领域内的专利数据较为困难，因此本书选择国家整体数据为研究样本，对影响专利活跃度的 20 个指标均进行活跃度测算，将专利活跃度（pai）、申请活跃度（paa）、价值活跃度（pva）、转让活跃度（pta）界定为

$$paa_{it} = \frac{\text{某一年某个国家的专利申请活跃度}}{\text{该时间段内所有样本国家的专利申请活跃度}} \quad (6-2)$$

$$pva_{it} = \frac{\text{某一年某个国家的专利价值活跃度}}{\text{该时间段内所有样本国家的专利价值活跃度}} \quad (6-3)$$

$$pta_{it} = \frac{\text{某一年某个国家的专利转让活跃度}}{\text{该时间段内所有样本国家的专利转让活跃度}} \quad (6-4)$$

$$pai_{it} = \frac{\text{某一年某个国家的专利活跃度}}{\text{该时间段内所有样本国家的专利活跃度}} \quad (6-5)$$

为了计算方便，本书通过熵权法计算专利活跃度的得分，同步计算出各子活跃度得分，以便后续的进一步分析。

6.1.2 专利活跃度指标测算

本书将专利活跃度作为机制变量进行机制检验，理论分析发现，专利研发投入增加可以通过提升专利活跃度，进而牵引经济增长，因此本章对专利活跃度的机制效应的进行验证。专利活跃度涵盖政策、转让和技术因素 3 类指标和 20 个细分二级指标，因此，本书进一步将 20 个细分指标分别归为申请活跃度、价值活跃度和转让活跃度三类，对各子活跃度的中介效应也进行同步检验（见表 6－1）。

表 6－1　　　　　　　　　　　指标构建和说明

一级指标	二级指标	方向	指标衡量方法
申请活跃度	年度专利数合计（X1）	+	德温特专利数据库统计
	每百亿美元 GDP 申请专利总数（X2）	+	WIPO 专利数据库统计
	专利申请数（X3）	+	年度申请专利数
	有效专利数（X4）	+	有效期内的专利数
	专利授权专利数（X5）	+	获得授权的专利数量
	非居民授权专利占比（X6）	+	非居民授权的专利在总授权专利中的占比
	简单同族个数（X7）	+	专利的单个同族专利数
价值活跃度	价值度星级（X8）	+	分星度等级识别专利价值
	技术稳定性（X9）	+	分级识别专利技术稳定性
	技术先进性（X10）	+	分级识别专利技术先进性
	保护范围（X11）	+	专利保护的宽度或广度
	家族引证次数（X12）	+	专利家族引其他专利次数
	引证次数（X13）	+	简单同族引其他专利次数
	战略新兴产业专利占（X14）	+	战略新兴产业专利占全部总专利的比例
转化活跃度	专利保护（X15）	－	世界经济发展指标
	贸易关税（X16）	－	世界经济发展指标
	专利进口额占比（X17）	－	专利进口占专利贸易比例
	专利出口额占比（X18）	+	专利出口占专利贸易比例
	被引证次数（X19）	+	简单同族被其他专利引用
	家族被引证次数（X20）	+	专利家族被其他专利引用

结合既有文献关于综合指标的构建，本书使用熵权法对专利申请、转让和技术三大因素的指数进行测度，首先使用极差法对各指标进行标准化处理，以消除各指标之间量纲的差异，即

$$y_{ij} = \begin{cases} \dfrac{x_{ij} - min\,(x_{ij})}{max\,(x_{ij}) - min\,(x_{ij})}, x_{ij} \text{ 为正向指标} \\[4mm] \dfrac{max\,(x_{ij}) - x_{ij}}{max\,(x_{ij}) - min\,(x_{ij})}, x_{ij} \text{ 为负向指标} \end{cases} \quad (6-6)$$

式中：i 表示各个国家；j 表示专利活跃度各个测度指标数值；$max\,(x_{ij})$ 和 $min\,(x_{ij})$ 分别表示 x_{ij} 的最大值和最小值；y_{ij} 是对 x_{ij} 原始值进行无量纲化处理后的值。

其次，对测度指标值 y_{ij} 进行标准化处理，即

$$Y_{ij} = y_{ij} \Big/ \sum_{i=1}^{m} y_{ij} \quad (6-7)$$

式中：e_j 为信息熵；d_j 为信息效用值；则第 j 项信息熵 $e_j = \dfrac{1}{\ln m} \sum_{i=1}^{m} Y_{ij} \ln Y_{ij}$，信息效用值 $d_j = 1 - e_j$。信息效用值 d_j 越大，表明该项指标在评价指标体系中的地位越重要。

再次，计算专利活跃度评价体系中的各个测度指标值 y_{ij} 的权重 W_j，即

$$W_j = d_j \Big/ \sum_{j=1}^{n} d_j \quad (6-8)$$

最后，得出各个国家的专利活跃度（申请活跃度、价值活跃度和转化活跃度）发展水平测度指标的加权矩阵即专利活跃度指数：

$$F = \sum W_j\, y_{ij} \quad (6-9)$$

用上述方法可以测算出样本国家申请活跃度、价值活跃度和转化活跃度指数。为更加详细反映三大指标变化情况，本书选取 2020 年 GDP 排名前 9 的国家进一步绘制三大因素的演进趋势（见图 6-1）。

图 6-1（a）反映的是选中的全样本国家申请活跃度（paa）、价值活跃度（pva）、转化活跃度（pta）在样本考察期内的演进状况，可以看出整体 3 个活跃度在观察期内变化趋势较为平缓，其中，转化活跃度得分最高，其次为申请活跃度，价值活跃度得分最低。图 6-1（b）绘制的是 9 个子

样本国家专利申请活跃度得分的时间趋势，可以看出 9 个国家的专利申请
活跃度有比较显著的差别：中国得分最高，且整体呈上升趋势；美国呈先
上升后平缓的趋势；日本略微出现上下波动，总体变化不大；而加拿大、
印度、法国、德国、英国基本维持不变水平，说明这些国家在专利申请、
授权、百亿美元 GDP 的申请专利量等方面基本维持稳定状态。

就专利价值活跃度而言，由图 6－1（c）可以看出：中国在专利价值
活跃度方面和申请活跃度类似，得分最高，是其他国家的几倍；美国在专
利价值活跃度变化方面呈倒 "U" 形的变化趋势；日本在 2009—2018 年，
专利价值活跃度出现缓慢下降的趋势；加拿大、印度、德国、法国、英国
等国家变化较为平缓。

最后，从专利转化活跃度来看，由图 6－1（d）可以看出，选定的 9
个国家在样本考察期内专利转化活跃度变化最为显著的依次为美国、日本、
英国。而中国在转化活跃度方面得分最低；美国的专利转化活跃度尽管出

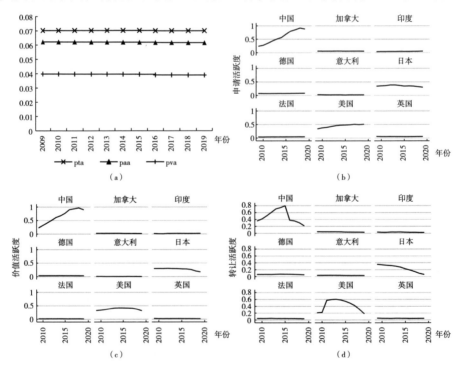

图 6－1　各类活跃度变化趋势

（资料来源：2022 年 3 月根据德温特专利数据库、世界知识产权组织专利数据库整理）

现了缓慢波动，但其整体在样本国家中得分最高；日本专利转化活跃度呈整体上升趋势，其得分在样本国家中位居第二。德国的专利转化活跃度呈现逐步上升的趋势，在样本国家中位居第三；加拿大、印度、巴西、法国、英国等国家的专利转化活跃度变化整体趋于平缓。

6.1.3　专利申请活跃度指标

专利申请活跃度是从专利申请的角度判断不同国家专利申请的情况，为了更为详尽研究各种申请的情况，本书选取了 6 个与申请相关的变量：（1）年度专利数合计（X1），是每年的直接统计数，是在专利数据库中当年的专利数据，包括申请数量、授权数量，以及未交费的专利数量；（2）每百亿美元 GDP 申请专利总数（X2），按照申请专利数和每百亿美元 GDP 的比较，世界知识产权组织为了更好地了解和判断各国专利与其 GDP 的关联性而统计了此类数据，可以在一定程度上反映单个国家的专利与 GDP 之间的关系，同时也可以比较不同国家的专利申请情况，是考核专利申请较好的指标之一；（3）专利申请数（X3），是专利申请的重要衡量指标，该数据为世界知识产权组织（World Intellectual Property Organization，WIPO）的数据库里的数据，包含各国直接申请专利和 PCT 专利，一国内所有申请的专利，包括居民申请和非居民申请，对专利申请数求和是一个组织判断自身技术创新程度的一个标准，创新的技术越多，申请的专利数也越多；（4）有效专利数（X4），处于有效状态的专利，即在有效时间内且正常交费的专利，不在有效期或在有效期未交费均不属于有效专利；（5）专利授权专利数（X5），以全球档案局统计的各国家年度的专利授权数为准，包含各国直接授权的专利和 PCT 授权专利，体现了各国专利授权的实际情况。当年获得授权的专利既可能是当年申请的专利，也可能是之前年份申请的专利，但是专利有效期从提交专利申请开始计算，因此当年申请且在当年获得授权是保障专利有效期 20 年的最优选择，是考核一个国家专利申请较好的指标之一；（6）非居民授权专利占比（X6），授权专利中非居民授权专利的占比，本书研究的是研发投入对经济增长的影响，因此企业、大学、科研机构等非居民授权专利占比对研究专利申请活跃度比较有价值。通过熵权法对以上指标进行测算可以衡量样本国家的专利申请活跃的程度，作为专利活跃度的考核指标之一。

6.1.4 专利价值活跃度指标

6.1.4.1 简单同族个数（X7）

专利同族（number of simple patent families）是专利的单个同族专利数，简单同族是优先权完全相同的一组专利。若某一国家专利内容缺失，可参考该专利的同族专利进行技术层面的分析。同时，某一国家需要在其他国家扩展专利，应考虑同种类型的同族专利是否在该国已申请过专利，以防侵权。为了便于统计和计算，本书数据仅限于简单同族，Gambardella et al. (2008)、邱洪华和陆潘冰（2016）均通过研究发现专利族大小对专利价值存在正向影响。

6.1.4.2 价值度星级（X8）

价值度星级（X8）是德温特专利数据库的统计指标之一，此数据库将专利分为 1～10 的 10 个价值度星级，根据数据库提前设定标准进行测算，把相同的得分归入相应的星级，星级越高表示专利价值越大，一个国家的总星级由各星级合计构成。

价值度星级 VS：一共分为 10 个星级（value star rating, vsr），每个星级在此国家此年度的专利数与总专利数的占比为 f，数字越高表示价值度越大。价值度星级的计算模型为

$$VS_{it} = vsr_{it1} \times f_{it1} + vsr_{it2} \times f_{it2} + \cdots + vsr_{it10} \times f_{it10} \qquad (6-10)$$

式中：i 表示国家；t 表示时间。

6.1.4.3 技术稳定性（X9）

一项专利被授权之后面临产业化的过程，此时专利的及时稳定性十分重要。专利的及时稳定性包括与之前的相关专利相比，此专利的稳定性是否提高、此专利的复杂性是否提高、产业化后成本是否降低、该专利在效率方面是否提高、确定性是否提高、产业化的速度是否提高及其他方面是否有提升等。专利的技术稳定性分为 10 个等级，将相同的标准归类为相应的等级，技术稳定性的等级越高，表示专利技术稳定性越大，专利价值越大。

技术稳定性 TS：此项一共分为 1～10 个技术稳定性的等级 tsl（technical

stability level），每个等级的专利数与总专利数的占比为 p，技术稳定性级别用 1~10 表示，数字越高，技术稳定性越好。专利技术稳定性的计算模型为

$$TS_{it} = tsl_{it1} \times p_{it1} + tsl_{it2} \times p_{it2} + \cdots + tsl_{it10} \times p_{it10} \qquad (6-11)$$

式中：i 表示国家；t 表示时间。

6.1.4.4　技术先进性（X10）

通过专利的技术构成范围、技术申请趋势、技术公开趋势、技术全球分布、技术功效等方面可以对专利技术先进性进行比较和分析。一个厂商或国家的专利技术先进性的变化趋势，是经过长期观测和比较分析得到的。依据计划书先进性的变化趋势，可以从宏观层面把握需要分析的对象在各时期的专利技术申请热度的变化情况，以便更好地了解此方向的前沿技术与本组织在整个技术领域的竞争地位或者排序。技术功效，也就是对技术功能和效率的综合分析，通过技术功效分析可以对技术功效的分布情况和变化趋势进行了解及掌握，有助于及时了解各时期的专利技术特征，从而掌握此项技术在实际应用中功效的变化情况和趋势，对研发路线或者策略进行适应性调整，有利于企业、大学、科研机构等调整研发战略，有时甚至能够为国家战略的发展提供支撑。

技术先进性指数 TA：技术先进性等级 tal（technological advancement level）一共分为 1~10 级别，每个等级的专利数占总专利数的比例为 q，技术先进性级别用 1~10 表示，数字越高，技术先进性越大。专利技术先进性的计算模型为

$$TA_{it} = tal_{it1} \times q_{it1} + tal_{it2} \times q_{it2} + \cdots + tal_{it10} \times q_{it10} \qquad (6-12)$$

式中：i 表示国家；t 表示时间。

6.1.4.5　保护范围（X11）

专利保护范围指专利权涉及的发明创造的技术范围，本书保护范围的评判等级用 1~10 表示，数字越高，证明保护范围越大、越宽。专利保护范围指数 PP：专利保护范围 spp（scope of patent protection）一共分为 1~10 级别，每个等级的专利数占总专利数的比例为 z，技术先进性级别用 1~10 表示，数字越高，保护范围越大。专利保护范围的计算模型为

$$PP_{it} = spp_{it1} \times z_{it1} + spp_{it2} \times z_{it2} + \cdots + spp_{it10} \times z_{it10} \qquad (6-13)$$

式中：i 表示国家；t 表示时间。

6.1.4.6 家族引证次数（X12）、引证次数（X13）、战略新兴产业专利占比（X14）

家族引证次数可以体现出该类专利所有引证的专利及其同族，反映该国家的核心技术与发展态势，进而判断出该国家技术创新水平及发展速度。

引证次数是引证专利的数量，是在其他专利的基础上进行创新发明的专利，引证次数多证明该专利是一个复杂性和融合度较高的专利。

战略新兴产业专利占比指一个国家的某类战略新兴产业的有效专利数占该国家目前有效总专利数的百分比，可以表示新兴产业与新兴科技的深度融合程度，该程度越高，代表该国家的科技创新水平越高。

6.1.5 专利转让活跃度指标

专利转让活跃度是专利通过转让方式获取经济效益的有效途径，本书选取了 6 个变量综合代表专利转让活跃度。（1）专利保护（X15），专利在知识产权中占比相对较高，知识产权保护是全球共同遵守的协定，在此协定下所有专利的转让都能确保各自的权力和利益得到保障。（2）贸易关税（X16），是国家之间贸易的税率，各国会根据约定或者加入协议的情况进行税率的调整。（3）专利进口额占比（X17），是一国专利进口的相关金额在整个 GDP 中的占比。（4）专利出口额占比（X18），是一国专利出口的相关金额在整个 GDP 中的占比，根据实际出口数据统计获得。本书通过各年度专利权利发生转移的专利数量变化趋势，对产业或国家专利转让的情况进行分析，以便反映专利技术运营的情况及其在不同国家的实施热度。由于专利所有权自主转化和应用的情况难以统计，因此本书选取了专利的进口占比和出口占比作为替代变量。本书希望通过分析专利技术出口占比，分析对象在不同时段内专利成果转移的方向和技术集中度，进而预测技术的发展方向和未来市场的应用前景，从而为企业短期和长期的研发投入战略以及国家技术的长期发展战略的调整或者优化提供决策依据。（5）专利被引证次数（X19），指该专利被其他专利引证的情况，被引证次数共分为 9 个等级，1~10 次被引证为第一个等级，11~20 次被引证为第二个等级，

21~30 次被引证为第三个等级，31~40 次被引证为第四个等级，41~50 次被引证为第五个等级，51~60 次被引证为第六个等级，61~70 次被引证为第七个等级，71~80 次被引证为第八个等级，80 次以上为第九个等级。通过研究专利被引证的情况可以判断哪些是核心专利、特定专利技术，其发展趋势可以代表此专利技术的未来研发方向，有助于识别竞争对手，从而给予专利更有力的保护等。此专利被引证次数不代表专利家族被引证次数。

（6）家族被引证次数（X20），将专利申请按照来源进行分类，并按照申请人原籍的等效计数之后的总计数对其进行统计。专利家族可以分为狭义专利家族和广义专利家族。

6.2　变量选取

6.2.1　变量选取

本章选取 OECD 和 RCEP 的成员国和印度、俄罗斯共 45 个国家作为样本，考察研发投入对经济增长的促进作用中专利活跃度的中介作用。文章的数据主要源于以下三个部分。一是德温特专利数据库、世界知识产权组织（WIPO）数据库，此两个专利数据库都是全球上百个国家统计的数据。德温特专利数据库，可以按照国际专利号进行专利查询，将影响专利价值的简单同族个数、专利的价值度星级综合得分、专利的技术稳定性综合得分、专利的技术先进性综合得分、保护范围总额和得分、专利家族总引证次数、引证次数、国家战略新兴产业专利/样本国等；世界知识产权组织（WIPO）的数据包括按照技术方向的专利授权的统计数、PCT 专利授权数、分别按照申请办公室和按照居民申请统计的专利相关的数据。二是全球竞争力指数（GCI），是世界经济论坛为了衡量一国在中长期取得经济持续增长的能力，请萨拉·伊·马丁教授设计的。全球竞争力指数由制度建设、基础设施的数量和质量、宏观经济稳定性、健康情况、实际的创新能力等 12 个竞争力支柱项目构成，为判断世界各国处于不同发展阶段的竞争力状态提供了全面的信息和依据。三是世界银行提供的世界发展指标，包含 150 多个国家的经济、研发、健康等数据，包括国内生产总值、国民总收入、研发投入占比、入学率及教育程度、特定疾病的患病率、专利的进出口等数据。本章选取的相关变量信息如表6-2所示。

表6-2　　　　　　　　　　　各变量的分析

变量类别	变量名称	变量符号定义	变量说明
因变量	国内生产总值	*gdp*	GDP，现价美元
自变量	研发投入	*rd*	研发支出，现价美元
中介变量	专利价值活跃度	*pva*	熵权法计算得到
	专利申请活跃度	*paa*	熵权法计算得到
	专利转化活跃度	*ptc*	熵权法计算得到
	专利活跃度指数	*pai*	熵权法计算得到
控制变量	见第五章	—	—

为了更好地研究和反映选取数据的有效性，对本章选取数据的描述性统计如表6-3所示。

表6-3　　　　　　　　　　　各变量描述性统计

变量类型	变量名称	样本量	均值	标准误	最小值	最大值
因变量	国民生产总值（取对数）	495	26.85	1.52	23.30	30.70
	新一代信息技术产业产出	70	9.72	1.38	6.76	12.69
	生物产业产出	70	8.50	1.37	5.23	11.31
	新能源汽车产业产出	63	8.78	1.56	4.93	10.93
	高端制造产业产出	42	7.68	1.63	4.43	10.47
自变量	研发投入（取对数）	495	22.53	1.90	18.60	27.14
	新一代信息技术产业研发投入	70	8.70	1.82	5.17	12.16
	生物产业研发投入	70	8.07	1.66	4.91	11.31
	新能源汽车产业研发投入	63	8.48	1.63	4.70	10.72
	高端制造产业研发投入	42	6.96	1.43	3.16	9.18
中介变量	国家专利活跃度	495	0.05	0.11	0.01	0.81
	国家申请活跃度	495	0.06	0.12	0.00	0.92
	国家价值活跃度	495	0.04	0.12	0.00	0.97
	国家转让活跃度	495	0.07	0.10	0.02	0.80
	新一代信息技术专利活跃度	70	0.17	0.24	0.02	0.89
	生物产业专利活跃度	70	0.17	0.24	0.03	0.97
	新能源汽车产业专利活跃度	63	0.20	0.21	0.04	0.93
	高端制造产业专利活跃度	42	0.17	0.23	0.03	0.96

变量类型	变量名称	样本量	均值	标准误	最小值	最大值
控制变量	unidrd	70	4.82	0.54	3.86	5.85
	tariffrate	70	4.44	2.76	1.99	11.12
	cluster	70	4.84	0.46	3.97	5.77
	staftrain	70	4.77	0.39	3.94	5.76
	buysoph	70	4.48	0.47	3.55	5.64
	vencap	70	3.81	0.67	2.13	5.60
	flwage	70	5.02	0.67	3.34	5.97

资料来源：2022 年 3 月根据德温特专利数据库、世界知识产权组织专利数据库、全球竞争力指数（GCI）整理。

6.2.2　专利活跃度的计量模型

为研究专利活跃度对经济增长的影响，本书借鉴温忠麟（2005）的研究进行中介效应模型的设计：

$$Y_{it} = \alpha_2 + \beta' r\,d_{it} + \alpha_i X_{it} + \lambda_i + \mu_t + \varepsilon_{it} \qquad (6-14)$$

$$pai_{it} = \alpha_3 + \gamma\, rd_{it} + \alpha_i X_{it} + \lambda_i + \mu_t + \varepsilon_{it} \qquad (6-15)$$

$$Y_{it} = \alpha_4 + \beta''r\, d_{it} + \gamma'\, pai_{it} + \alpha_i X_{it} + \lambda_i + \mu_t + \varepsilon_{it} \qquad (6-16)$$

式中：i 代表国家；t 代表年份；Y_{it} 为研发投入之后的创新的产出，本书选取了 GDP 数据为其替代变量；α_2、α_3、α_4 为常数项；β' 为研究研发投入对经济增长的影响的系数；$r\,d_{it}$ 为研发投入；γ 为研发投入对专利活跃度的影响系数；pai_{it} 为专利活跃度；α_i 为控制变量的估计系数；X_{it} 为控制变量；λ_i 为个体效应；μ_t 为时间效应；ε_{it} 为随机扰动项。

6.3　国家层面专利活跃度的机制检验

6.3.1　专利活跃度机制检验结果分析

专利活跃度，表示专利的活跃程度，专利是"沉睡"在库里、企业的账目上还是转化成社会的价值和企业收益，是一个非常值得研究的课题。

Piccaluga et al.（2011）发布的欧洲 ProTon 调查报告设计了技术转移评价指标。袁润和钱过（2015）通过研究发现，不同技术领域核心专利的权重系数和同一技术领域不同时间段（时域）核心专利的权重系数都不一样。刘林青等（2020）研究发现，专利技术特征能够扩大专利自身的技术范围和技术合作空间。

专利的哪些因素影响了专利的转让或者转化，目前并没有一个明确的答案，因此本书通过结合对专利活跃度的研究来进一步判断影响专利转化或转让的因素。由于目前还没有统一的衡量标准，因此本书采用熵权法对与专利申请、专利价值、专利转让密切相关的 20 个因素进行计算，以其得分作为替代变量，研究专利活跃度在研发投入对经济增长的促进过程中发挥的价值或者作用。

专利活跃度在研发投入对经济增长影响过程中的中介效应回归结果如表 6-4 所示。列（1）回归结果表明，在考虑控制变量、时间固定效应和个体固定效应的情况下，研发投入在 1% 的显著水平上对经济增长具有正向影响，且系数为 0.321。列（2）回归结果表明，在考虑控制变量、时间固定效应和个体固定效应的情况下，研发投入在 5% 的显著性水平上对专利活跃度有正向影响，且回归系数为 0.027。列（3）回归结果表明，在考虑控制变量、时间固定效应和个体固定效应情况下，专利活跃度在 1% 的显著性水平上对经济增长具有正向作用（回归系数为 0.770），且研发投入在 1% 的显著性水平上对经济增长具有正向作用（回归系数为 0.300）。随后，采用自助法（Bootstrapping）对专利活跃度的中介效应进行检验，认为专利活跃度在研发投入与经济增长之间的中介效应路径存在。因此，专利活跃度在研发投入与经济增长之间存在中介效应。

表 6-4　　　　　　　　　　专利活跃度的中介效应回归结果

变量	（1）	（2）	（3）
	gdp	pai	gdp
rd	0.321 ***	0.027 **	0.300 ***
	(0.027)	(0.011)	(0.025)
pai			0.770 ***
			(0.079)

变量	（1）	（2）	（3）
	gdp	pai	gdp
控制变量	控制	控制	控制
时间固定效应	是	是	是
个体固定效应	是	是	是
_ $cons$	19.800 ***	− 0.159	19.930 ***
	（0.813）	（0.343）	（0.743）
R^2	0.997	0.924	0.997
N	495	495	495

注：*、**、*** 分别表示估计系数在10%、5%、1%的水平上显著。

专利活跃度在研发投入与经济增长的关系中有中介效应可能有以下几个方面的原因。首先，专利本身是研发投入的成果，专利出现时研发投入已经发生，而研发投入对经济增长的促进作用从前文研究可知非常明显，而且无论是国家还是企业的研发投入都具有持续性，形成长期战略，因此能够保障专利活跃度变化趋势的相对稳定性和其对经济增长促进作用的持续性。

其次，专利申请活跃度、专利价值活跃度、专利转让活跃度均是专利价值的体现形式，专利是无形资产，其评估标准很难统一，尤其是不同行业不同国家更难进行统一衡量，那么社会资本在进行投资时更多依据的是可见的专利申请活跃度的指标，根据评价结果进行投资。各子活跃度得分越高，专利的价值评估往往也会越高，则投资的额度及速度都会较高，实现原有专利的研发宽度的增加，从而促进经济的增长。同时，专利活跃度也可以提升企业品牌形象或者国家的科研实力，从而得到更多的社会认可，提升其产品或者服务被信任与接受的程度。

再次，专利技术是各国保护的重点，正是由于各国都遵守的知识产权保护条约和现代经济中工作模式多样化，例如网上的自由职业者以及全球员工的流动性加强，企业研发投入的技术创新成果更愿意以专利的形式进行保护而非以商业秘密形式，因此增加专利申请活跃度和价值活跃度可以有效增加专利整体活跃度，从而在一定程度上促进经济增长。

最后，专利活跃度有利于增强企业所有者和国家对于研发投入的信心和决心，让企业和国家在研发投入方面更愿意投入、舍得投入、持续投入。研发投入本身就能很好地促进经济增长，而研发投入能促进专利活跃度，这样良性、持续的过程能够持续地促进经济增长。

6.3.2 各子活跃度比较分析

从前文可知，在研究专利活跃度在研发投入影响经济增长的机制过程中，可以将影响专利活跃度的 20 个二级指标的进行分析归类，分为申请活跃度、价值活跃度、转让活跃度 3 个子活跃度，通过熵权法获得各子活跃度得分，从而探究各子活跃度在研发投入促进经济增长过程中的异质性机制。

6.3.2.1 专利申请活跃度机制检验结果分析

专利申请活跃度有专利申请数、专利授权数、授权专利中非居民授权专利的占比等 7 个指标组成，表 6 - 5 为专利申请活跃度中介效应的回归分析结果。其中，列（1）回归结果表明，在考虑控制变量、时间固定效应和个体固定效应的情况下，研发投入在 1% 的显著水平上对经济增长具有正向影响，且系数为 0.321。列（2）回归结果表明，在考虑控制变量、时间固定效应和个体固定效应的情况下，研发投入在 5% 的显著性水平上对专利申请活跃度有正向影响，且回归系数为 0.030。列（3）回归结果表明，在考虑控制变量、时间固定效应和个体固定效应的情况下，专利申请活跃度在 1% 的显著性水平上对经济增长具有正向作用（回归系数为 0.612），且研发投入在 1% 的显著性水平上对经济增长具有正向作用（回归系数为 0.303）。随后，采用 Bootstrapping 法对专利申请活跃度的中介效应进行检验，认为专利价值活跃度在研发投入与经济增长之间的中介效应路径存在。因此，专利申请活跃度在研发投入与经济增长之间也存在中介效应。可能的原因为能够申请的专利基本上都是具备价值和可转让潜力的创新技术，因此专利申请活跃度与总专利活跃度有类似的效果。

表 6 – 5   申请活跃度的中介效应分析

变量	(1)	(2)	(3)
	gdp	paa	gdp
rd	0.321***	0.030**	0.303***
	(0.027)	(0.012)	(0.025)
paa			0.612***
			(0.0627)
控制变量	控制	控制	控制
时间固定效应	是	是	是
个体固定效应	是	是	是
_cons	21.280***	– 0.132	21.360***
	(0.693)	(0.312)	(0.638)
R^2	0.997	0.902	0.997
N	495	495	495

注：*、**、*** 分别表示估计系数在 10%、5%、1% 的水平上显著。

具体而言，专利申请活跃度在研发投入促进经济增长方面具有正向促进作用的原因可能有四个方面。首先，对于一个厂商，假设其他条件不变，其年度申请的专利数越多，年度专利数也越多，其研发投入也相对较高，更能促进经济增长。其次，授权专利和有效专利都代表该组织的此项专利成果得到了第三方的认可，其专利获得授权数越多，有效专利数也越多，表示研发投入策略和方向的正确性，这不仅能够提升组织品牌形象，而且可以增强企业研发投入的信心，对经济增长产生促进作用。再次，专利在一国得到授权，有助于此项专利技术在其他国家申请专利所有权，或者扩展与此类专利相关的更为广泛的研究，从而增加了专利家族数，这也可能会在一定程度上对经济增长产生正向影响。最后，相同 GDP 的标准下，居民申请专利数越多，意味着组织研发的技术越先进，研发实力也越强，从而更可能对经济产生积极的正向影响。

6.3.2.2 专利价值活跃度机制检验结果分析

专利价值活跃度包括专利技术稳定性、技术先进性、价值度星级等 7 个指标，表 6 – 6 为专利价值活跃度的中介效应的回归分析结果。其中，列 (1) 回归结果表明，在考虑控制变量、时间固定效应和个体固定效应的情况下，研发投入在1%的显著水平上对经济增长具有正向影响，且系数为0.321。列（2）回归结果表明，在考虑控制变量、时间固定效应和个体固定效应的情况下，研发投入在5%的显著性水平上对专利价值活跃度有正向影响，且回归系数为0.035。列（3）回归结果表明，在考虑控制变量、时间固定效应和个体固定效应的情况下，专利价值活跃度在1%的显著性水平上对经济增长具有正向作用（回归系数为0.566），且研发投入在1%的显著性水平上对经济增长具有正向作用（回归系数为0.301）。随后，采用Bootstrapping法对专利申请活跃度的中介效应进行检验，认为专利价值活跃度在研发投入与经济增长之间的中介效应路径存在。因此，专利价值活跃度在研发投入与经济增长之间也存在中介效应。可能的原因为专利价值活跃度是专利价值的根本体现，因此价值活跃度与总专利活跃度有相同的效果。

表6-6　　　　　　　　　　　　价值活跃度的中介效应分析

变量	(1)	(2)	(3)
	gdp	pva	gdp
rd	0.321***	0.035**	0.301***
	(0.027)	(0.014)	(0.025)
pva			0.566***
			(0.0554)
控制变量	控制	控制	控制
时间固定效应	是	是	是
个体固定效应	是	是	是
_cons	21.280***	−0.139	21.360***
	(0.693)	(0.360)	(0.634)
R^2	0.997	0.895	0.997
N	495	495	495

注：*、**、***分别表示估计系数在10%、5%、1%的水平上显著。

价值活跃度在研发投入促进经济增长方面具有促进作用的原因可能有以下四个方面。第一，专利价值度星级，根据德温特专利数据库进行测算得到，星级得分越高，表示专利价值活跃度越大，全部星级累加值越高，这个国家的专利的价值也越大，专利价值本身代表公司的技术价值，因此与经济增长是正相关的关系。第二，技术稳定性，专利的技术稳定性包括与先前专利相比的稳定性，以及此项专利自身技术的执行稳定性，专利技术产业化时成本稳定性、专利在效率方面的稳定性、产业化过程中的速度及其他方面的稳定性等多个方面。技术稳定性的等级越高，表示专利技术稳定性越大，专利转让的可能性也越大，因此正向影响经济增长。第三，专利被引证次数，分为 9 个等级，被引证次数越多，表示专利的价值越大。因此可以通过专利被引证的情况判断哪些是核心专利、特定专利技术及其发展趋势，并研判此专利技术未来的研发方向，从而给予企业研发投入决策一个正向反馈，对研发投入中可能出现的失误或者策略进行及时调整，从而促进经济增长。第四，技术先进性，是对专利的技术构成范围、申请和公开趋势、技术全球分布情况等方面的分析和比较，它是组织技术实力和创新能力的体现，因此了解及掌握技术先进性的变化趋势，有助于及时了解各时期各国专利技术特征及其变化趋势，从而判断此项技术在实际应用中的趋势，帮助企业对研发路线或策略进行适应性的调整，从而避免研发的损失，提升研发效率，促进经济增长。

6.3.2.3　专利转让活跃度机制检验结果分析

表 6 - 7 为专利转让活跃度的中介效应的回归分析结果。其中，列（1）回归结果表明，在考虑控制变量、时间固定效应和个体固定效应的情况下，研发投入在 1% 的显著水平上对经济增长具有正向影响，且系数为 0.321。列（2）回归结果表明，在考虑控制变量、时间固定效应和个体固定效应的情况下，研发投入在 1% 的显著性水平上对专利转让活跃度有正向影响，且回归系数为 0.022。列（3）回归结果表明，在考虑控制变量、时间固定效应和个体固定效应的情况下，专利转让活跃度在 5% 的显著性水平上对经济增长具有正向作用（回归系数为 0.253），且研发投入在 1% 的显著性水平上对经济增长具有正向作用（回归系数为 0.456）。随后，采用 Bootstrapping 法对专利转让活跃度的中介效应进行检验，认为专利转让活跃度在研发投入与经济增长之间的中介效应路径存在。因此，专利转让活跃度在研发投入与经济增长之间也存在中介效应。值得商榷的是，专利转让活跃度回归系数（0.456）高于专利活跃度回归系数（0.300），说明其在研发投入促进经济增长方面具有的中介效应高于总专利活跃度。可能的原因为能够转让是研发投入获得技术创新、获得收益的根本目标，是市场检验

各研发成果价值的真正标准。综合来看，专利转让活跃（pta）的估计系数（0.456）大于专利申请活跃度（paa）的估计系数（0.303），也大于专利价值活跃度（pva）的估计系数（0.301），说明专利转让活跃度的中介效应大于其他两个子活跃度。

表6-7 转让活跃度的中介效应分析

变量	(1)	(2)	(3)
	gdp	pta	gdp
rd	0.321 ***	0.022 ***	0.456 ***
	(0.027)	(0.007)	(0.021)
pta			0.253 **
			(0.118)
控制变量	控制	控制	控制
时间固定效应	是	是	是
个体固定效应	是	是	是
_ cons	21.280 ***	− 0.388 **	16.480 ***
	(0.693)	(0.167)	(0.527)
R^2	0.997	0.826	0.996
N	495	495	495

注：*、**、*** 分别表示估计系数在10%、5%、1%的水平上显著。

专利转让活跃度在研发投入促进经济增长方面具有促进作用的原因可能有以下三个方面。（1）专利转让活跃度包括专利的进口和出口，专利进口占比越高，意味着引进的专利技术越多。虽然引进专利需要支付维护费用，但引进专利技术也是必须进行的。第一，组织内部已经有成熟的可以和此项专利技术对接的技术基础或者平台支撑，引进专利技术可以促进其持续发展；第二，此项专利技术在组织内部是紧缺技术，引进专利可以助其突破发展瓶颈；第三，组织从外部引进专利技术以确保其能够实施内外同步创新的研发策略；第四，国家引进某些专利技术可以观察并借鉴他国在技术创新方面的长期战略等以提升本国的国际竞争力。这些引进专利技术的原因都在不同程度上促进了研发投入，提升了外部认可度，对经济能够产生正向影响。（2）专利出口占比，专利出口直接带来收益，可以直接促进经济的增长。第一，组织的专利技术比较先进或者处于领先地位，说明该组织的研发投入和研发实力都较好，从而可能对经济增长产生正向影响。第二，专利出口带来的收益可以继续进行研发投入，再次与经济增长形成良性循环。第三，专利出口可以带来很好的示范效应，一个组织的专利出口带来的收益较高，可以激励其他组织也加大研发投入，从而推动经济的正向增长。第四，在专利转让过程中，本国或本企业可以更好地了解全球其他企业的技术实力和技术优势，进而对本组织内部的研发和技术创新进行全面诊断，从而避免风险，提升研发的效率。（3）专利被引证及专利家族被引证是专利转让活跃度的一个指标，可以有效带动品牌形象提升和经济效益增加。

6.4 战略新兴产业层面专利活跃度的机制检验

本节选取了"欧盟工业研发投资记分牌"2013—2019 年 2500 强企业数据，选取了企业研发投入作为解释变量，被解释变量为企业利润，作为经济增长的代理变量，同时对研发投入和利润取自然对数。专利方面的数据选取 2013—2019 年战略新兴产业的专利数据，并通过熵权法测算得到战略新兴产业的专利活跃度以进行后续回归和机制分析。

6.4.1 战略新兴产业专利申请占比时序分析

6.4.1.1 新一代信息技术产业专利申请时序分析

新一代信息技术产业是各个国家未来发展的核心产业之一，可与多个产业进行技术融合创新，为其他传统行业的创新和发展提供重要的支撑，极大地推动和加快其他行业的研发速度和效率。从图 6-2 可以看出，美国近十年新一代信息技术产业专利一直处于增长趋势，从 2009 年的 30% 上升到 2018 年的近 40%，且占比一直稳居全球首位。印度也取得了令人瞩目的增长，从 2009 年的 10% 上升到 2018 年的超过 20%，这说明印度在信息技术产业的专利申请数量的增加比较可观。加拿大、德国、巴西、澳大利亚、法国等在 2009—2018 年，信息技术产业的专利占比始终保持在 10% ~ 20%，变化趋势不十分显著。以色列和瑞士信息技术产业的专利占比均有缓慢的增长，占比逐渐突破10%。日本的新一代信息技术产业专利在全球专利中的占比处于明显下降的趋势。值得注意的是，中国近十年新一代信息技术产业专利一直处于下降的趋势，从2009年的近20%下降到2018年的15%左右。可能的原因有以下几点：第一，全球对新一代信息技术产业的研发投入均较高，获得的技术创新较多，各国申请的专利数较多，中国的新一代信息技术产业尽管在此产业申请的专利数也不少，但是增长速度低于部分国家；第二，中国类似华为这样大规模研发投入的企业相对较少，整体研发投入与国际上的发达国家相比总量不够，获得的创新的专利不够；第三，考虑到美国为遏制华为的市场，禁止华为使用及购买美国生产的芯片，以此斩断华为的供应链，因此，许多中国新一代信息技术产业跨国公司的原始创新技术未申请专利而是通过商业秘密进行保护。

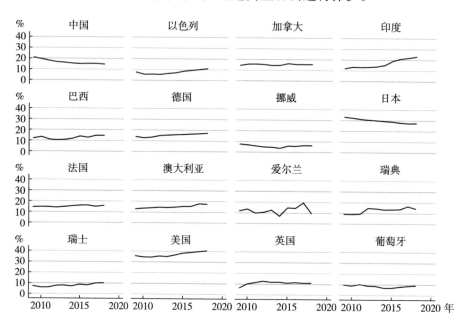

图6-2　新一代信息技术产业专利在全球专利中的占比变化

（资料来源：2022年3月根据德温特专利数据库整理）

6.4.1.2　生物产业专利申请时序分析

生物产业是21世纪最重要的产业之一，生物产业将在人类未来社会发展中发挥无可替代的重要作用，是世界各国未来科技竞争的主战场之一。

从图 6 - 3 可以看出，澳大利亚在几个样本国家中生物产业专利占比最高，持续维持在 30% ~ 40%；以色列、加拿大、巴西基本一直处于 20% 以上的平稳高占比状态；巴西近 10 年一直处于增长趋势，最高已达 30%。葡萄牙生物产业专利自 2014 年之后出现迅速下跌的状况，从最高 40% 跌至近 20%，这可能与其近些年来经济低迷导致研发投入减少相关，生物产业专利占比因此受到影响。日本、美国、英国处于缓慢增长的状态，这或与其本身专利数基数大有关。值得注意的是，印度的生物产业的专利占比高于中国，可能与两国在生物产业的研发和药品上市监管的制度有关；中国和美国在生物产业的专利占比都徘徊在 10% 上下，这说明两国在生物产业的专利申请总数差别不大。中国在 2018 年出现了低于 10% 的现象，可能的原因有以下几点：第一，中国政府在生物产业的研发投入从"十一五"重大新药创制专项开始，已经持续了 20 多年的时间，由于生物产业的研发周期

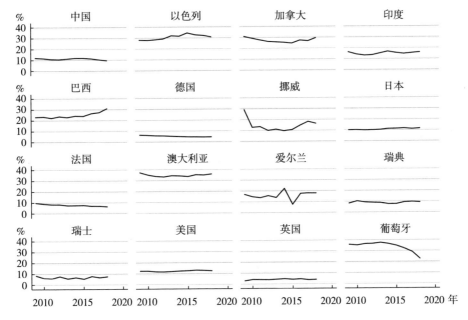

图 6 - 3　生物产业专利在全球专利中的占比变化

（资料来源：2022 年 3 月根据德温特专利数据库整理）

长，很多研发成果还没能体现或者通过商业秘密进行保护；第二，我国生物产业研发基础相对薄弱，尽管国家和企业都在努力加大研发投入，但是短期看到的创新成果相对较少；第三，由于生物产业的研发周期长、研发投入大，很多企业没有持续的资金维持继续的发展和创新。

6.4.1.3 新能源汽车产业专利申请时序分析

发展新能源汽车产业符合当今提倡全球环保大主题，是未来汽车产业发展的主要目标。从图6-4可以看出，12个国家在新能源汽车的专利占比在2008—2018年有上升的趋势，说明全球对新能源汽车产业的研发投入和技术创新都非常重视，且都取得了良好的效果。目前在新能源汽车产业发展中德国处于领先位置，这无疑与其原本就是传统汽车行业大国、汽车制造业基础雄厚有关，德国在此基础上大力发展新能源汽车，有事半功倍的效果，2009—2020年德国新能源汽车产业专利在全球专利中的占比呈明显的增长趋势，最高已达17%。瑞典的新能源汽车专利占比在2015年前后有倒"U"形的趋势，可能是政策原因影响了创新的研发投入或专利的申

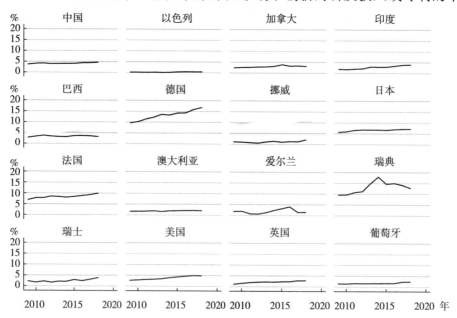

图6-4 新能源汽车产业专利在全球专利中的占比变化

（资料来源：2022年3月根据德温特专利数据库整理）

请。此外，日本、法国等传统汽车行业强国的新能源汽车产业专利占比也相对较高，日本、法国在 5% ~ 10% 波动，瑞典虽波动较大，但也维持在 10% ~ 17%；值得一提的是，美国和中国的新能源汽车产业专利数量占比并不高，仅在 5% 左右，这或许与其新能源汽车专利的核心技术大多掌握在某几家企业手中有关。当前，中国新能源汽车企业尚处于市场成长期，通过对新能源汽车的政策扶持及国内厂家的积极投入，中国在新能源汽车产业的竞争力将越来越强。

6.4.1.4　高端装备制造产业专利申请时序分析

高端装备制造产业是以高端技术为核心进行先进设施设备生产制造的行业，是提高国家科技发展水平的核心环节。由于高端装备制造产业技术的科技壁垒高且易形成产业集群，很容易提升国家的核心竞争力，因此积极推动其创新发展是目前各个国家战略发展中的重要项目之一。从图 6 - 5 中可以看出，挪威尽管出现了一定波动，但一直稳居全球首位，挪威的海上钻井平台、深海勘探以及造船都具有先进的技术基础。瑞典和瑞士的高

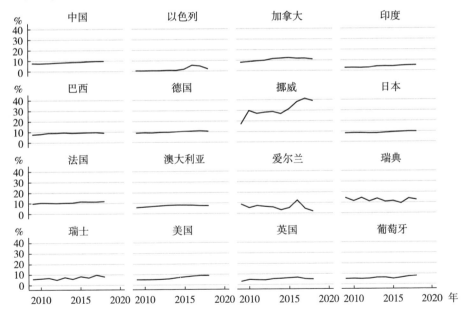

图 6 - 5　高端装备制造产业专利在全球专利中的占比变化

（资料来源：2022 年 3 月根据德温特专利数据库整理）

端装备制造业专利占比均出现了波浪式的现象，可能和本国的产业政策有关。从整个专利占比的增长趋势来看，美国和加拿大都有平稳增长的趋势。欧洲高端装备制造产业发展较快的国家有英国、法国、德国、瑞士、荷兰、瑞典等。中国目前在政策上大力鼓励扶持高端装备制造产业，成绩逐渐显现，在全球专利中的占比逐年稳步增加，已达到 10% 左右，但仍需追赶欧美发达国家。

6.4.2　战略新兴产业专利活跃度的比较分析

6.4.2.1　新一代信息技术产业专利活跃度机制检验结果分析

本书选取新一代信息技术产业 2013—2019 年澳大利亚、加拿大、中国、法国、德国、印度、日本、韩国、英国、美国 10 个国家的数据进行分析，回归结果见表 6 - 8。其中，列（1）回归结果表明，在考虑控制变量、时间固定效应和个体固定效应的情况下，研发投入在 1% 的显著水平上对经济增长具有正向影响，且系数为 0.999。列（2）回归结果表明，在考虑控制变量、时间固定效应和个体固定效应的情况下，研发投入在 1% 的显著性水平上对新一代信息技术产业专利活跃度有正向影响，且回归系数为 0.732。列（3）回归结果表明，在考虑控制变量、时间固定效应和个体固定效应的情况下，新一代信息技术产业专利活跃度在 1% 的显著性水平上对经济增长具有正向作用（回归系数为 0.693），且研发投入在 1% 的显著性水平上对经济增长具有正向作用（回归系数为 0.491）。随后，采用 Bootstrapping 法对新一代信息技术产业专利活跃度的中介效应进行检验，认为新一代信息技术产业专利价值活跃度在研发投入与经济增长之间的中介效应路径存在。因此，新一代信息技术产业专利活跃度在研发投入与经济增长之间存在中介效应。

表 6 - 8　　　　新一代信息技术产业专利活跃度中介效应分析

变量	（1）	（2）	（3）
	gdp	pai	gdp
rd	0.999 ***	0.732 ***	0.491 ***
	(0.070)	(0.043)	(0.153)

续表

变量	(1)	(2)	(3)
	gdp	*pai*	*gdp*
pai			0.693 ***
			(0.194)
控制变量	控制	控制	控制
时间固定效应	是	是	是
个体固定效应	是	是	是
_ *cons*	−1.952	−10.640 ***	5.423 *
	(2.065)	(1.331)	(2.707)
样本量	70	70	70

注：*、**、*** 分别表示估计系数在 10%、5%、1% 的水平上显著。

6.4.2.2 生物产业专利活跃度机制检验结果分析

本书选取生物产业 2013—2019 年度澳大利亚、加拿大、中国、法国、德国、印度、日本、韩国、英国、美国 10 个国家的数据进行分析，回归结果如表 6-9 所示。其中，列（1）回归结果表明，在考虑控制变量、时间固定效应和个体固定效应的情况下，研发投入在 1% 的显著水平上对经济增长具有正向影响，且系数为 0.856。列（2）回归结果表明，在考虑控制变量、时间固定效应和个体固定效应的情况下，研发投入在 1% 的显著性水平上对生物产业专利活跃度有正向影响，且回归系数为 0.641。列（3）回归结果表明，在考虑控制变量、时间固定效应和个体固定效应的情况下，生物产业专利活跃度在 10% 的显著性水平上对经济增长具有正向作用（回归系数为 0.546），且研发投入在 5% 的显著性水平上对经济增长具有正向作用（回归系数为 0.510）。随后，采用 Bootstrapping 法对生物产业专利活跃度的中介效应进行检验，认为生物产业专利价值活跃度在研发投入与经济增长之间的中介效应路径存在。因此，生物产业专利活跃度在研发投入与经济增长之间存在中介效应。

表6-9   生物产业专利活跃度中介效应分析

变量	(1)	(2)	(3)
	gdp	pai	gdp
rd	0.856***	0.641***	0.510**
	(0.146)	(0.144)	(0.202)
pai			0.546*
			(0.280)
控制变量	控制	控制	控制
时间固定效应	是	是	是
个体固定效应	是	是	是
_cons	-7.102	-11.52***	-0.940
	(6.362)	(2.342)	(4.443)
样本量	70	70	70

注：*、**、***分别表示估计系数在10%、5%、1%的水平上显著。

6.4.2.3　新能源汽车产业专利活跃度机制检验结果分析

在新能源汽车产业方面，本书选取2013—2019年加拿大、中国、法国、德国、印度、日本、韩国、英国、美国9个国家的数据进行分析，回归结果如表6-10所示。其中，列（1）回归结果表明，在考虑控制变量、时间固定效应和个体固定效应的情况下，研发投入在1%的显著水平上对经济增长具有正向影响，且系数为0.983。列（2）回归结果表明，在考虑控制变量、时间固定效应和个体固定效应的情况下，研发投入在1%的显著性水平上对新能源汽车产业专利活跃度有正向影响，且回归系数为0.312。列（3）回归结果表明，在考虑控制变量、时间固定效应和个体固定效应的情况下，新能源汽车产业专利活跃度在10%的显著性水平上对经济增长具有正向作用（回归系数为0.481），且研发投入在5%的显著性水平上对经济增长具有正向作用（回归系数为1.052）。随后，采用Bootstrapping法对新能源汽车产业专利活跃度的中介效应进行检验，认为新能源汽车产业专利价值活跃度在研发投入与经济增长之间的中介效应路径存在。因此，新能源汽车产业专利活跃度在研发投入与经济增长之间存在中介效应。

表 6 – 10　　　　　　　新能源汽车产业专利活跃度中介效应分析

变量	（1）	（2）	（3）
	gdp	pai	gdp
rd	0.983 ***	0.312 **	1.052 ***
	(0.313)	(0.147)	(0.313)
pai			0.481 *
			(0.271)
控制变量	控制	控制	控制
时间固定效应	是	是	是
个体固定效应	是	是	是
_ cons	– 1.274	– 5.665 **	– 3.969
	(1.867)	(2.171)	(2.984)
样本量	63	63	63

注：*、**、*** 分别表示估计系数在10%、5%、1%的水平上显著。

6.4.2.4　高端装备制造产业专利活跃度机制检验结果分析

在高端制造业方面，本书选取 2013—2019 年加拿大、中国、法国、德国、英国、美国 6 个国家的数据进行分析，回归结果如表 6 – 11 所示。其中，列（1）回归结果表明，在考虑控制变量、时间固定效应和个体固定效应的情况下，研发投入在 1% 的显著水平上对经济增长具有正向影响，且系数为 0.894。列（2）回归结果表明，在考虑控制变量、时间固定效应和个体固定效应的情况下，研发投入在 1% 的显著性水平上对高端装备制造产业专利活跃度有正向影响，且回归系数为 0.106，且在 5% 的水平上显著。列（3）回归结果表明，在考虑控制变量、时间固定效应和个体固定效应的情况下，高端装备制造产业专利活跃度在 1% 的显著性水平上对经济增长有正向影响（回归系数为 0.868），且研发投入在 1% 的显著性水平上对经济增长具有正向作用（回归系数为 0.717）。随后，采用 Bootstrapping 法对新一代信息技术产业专利活跃度的中介效应进行检验，认为专利价值活跃度在研发投入与经济增长之间的中介效应路径存在。因此，在高端制造业研发投入影响经济增长的过程中专利活跃度也具有中介效应。

表6-11　　　　高端装备制造产业专利活跃度中介效应分析

变量	(1)	(2)	(3)
	gdp	pai	gdp
rd	0.894 ***	0.106 **	0.717 ***
	(0.170)	(0.045)	(0.226)
pai			0.868 **
			(0.319)
控制变量	控制	控制	控制
时间固定效应	是	是	是
个体固定效应	是	是	是
_ cons	-15.870 ***	0.460	-13.910 **
	(5.485)	(1.652)	(5.710)
样本量	42	42	42

注：* 、** 、*** 分别表示估计系数在10% 、5% 、1% 的水平上显著。

由表6-4可知，国家层面的专利活跃度中介效应下研发投入对经济增长的回归系数为0.300；由表6-8可知，新一代信息技术产业专利活跃度中介效应下研发投入在专利活跃度中介条件下的回归系数为0.491；由表6-9可知，生物产业的专利活跃度中介效应下研发投入对经济增长的回归系数为0.510；由表6-10可知，新能源汽车产业专利活跃度中介效应下的研发投入对经济增长的回归系数为1.052；由表6-11可知，高端装备制造产业专利活跃度中介效应下的研发投入对经济增长的回归系数为0.717。综上所述，从四大战略新兴产业的研发投入对经济增长的促进作用中可以看出，四个产业的专利活跃度均有中介效应，且在专利活跃度的中介作用下，新能源汽车产业的研发投入对经济增长的促进作用最强，生物产业的研发对经济增长的促进作用最低。产生这一现象的原因可能有：第一，汽车产业原有的技术基础较好，新能源汽车结合了能源和汽车进行研究开发，容易获得成功并实现产业化；第二，由于发展新能源汽车是未来汽车产业发展的主要目标，各国都比较重视新能源汽车的研发投入，在此产业领域的技术创新容易获得新的成果；第三，生物产业的大部分产品关系到人类的健康，在制度法规方面比较严谨，且研发投入大、周期长；第四，生物产业的技术壁垒比较强，模仿难度大、成本高；第五，高端装备制造产业需要较好的技术基础和应用场景，因为其以固定的设备或以设备和技术融合的方式较多，所以反向模仿相对容易；第六，新一代信息技术产业是技术创新要求较高的产业，对人才的水平和素质要求较高，可能各国的技术都掌握在少数的几个大企业的手里，出现了中介效应不均衡的现象。

6.5　专利活跃度的拓展研究

6.5.1　特定国家专利活跃度经验事实分析

在研究专利活跃度的数据选取中，考虑到数据的可得性，专利转让数据未能统计在其中，而专利转让是专利成果转化的重要形式之一。为了更好地比较与分析不同国家之间研发投入、专利活跃度与经济增长的关系，本书进一步选取 2020 年 GDP 总额排名全球前 5 的美国、中国、日本、德国、英国 2009—2019 年的数据进行分析（见图 6 - 6）。

从图 6 - 6 可以看出，中国人均 GDP、全球竞争力指数、研发人员数量虽远低于其他 4 个国家，但中国的高科技产品出口收入、专利活跃度却远远高于其他 4 个国家，中国研发投入占 GDP 的比例仅高于英国。这些现象均说明中国在研发投入方面总体还仍有不足，中国的全球竞争力指数最不具有竞争力，应该从国家整体的产业结构方面给予考量，而且对于研发人员的培养也应该引起决策者的高度重视。

美国人均 GDP 和全球竞争力指数位居 5 个国家的榜首，其研发投入占 GDP 的比例及研发人员数量居于中间的位置，整体专利活跃度次于中国。美国的全球竞争力指数居首位可能和美国的整体技术基础以及人才汇聚有关。

尽管日本的专利活跃度和全球竞争力指数不具有绝对优势，但是日本的研发投入占 GDP 的比例远高于其他 4 个国家，由此可以看出，日本在研发方面的投入力度和重视程度都比较高。日本每百万人研发人员数量居于五个国家的首位，更能说明日本对研发的重视以及研发人才的培养。德国在高科技产品出口收入、研发投入占 GDP 的比例、研发人员数量、全球竞争力指数四个方面均与美国差距不大，但是专利活跃度却远低于美国。

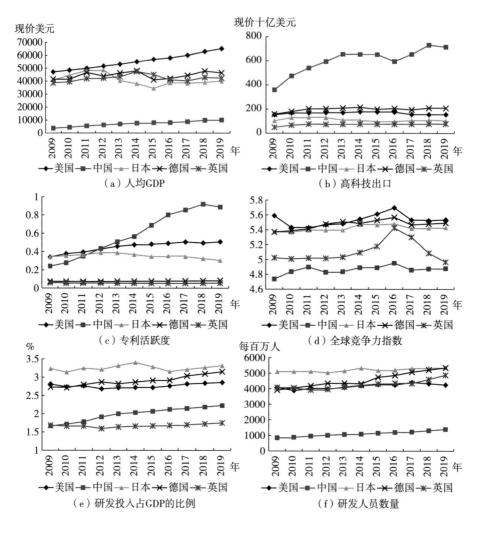

图 6-6 中美日德英五国研发投入、专利活跃度、经济增长比较分析

[资料来源：根据世界发展指标数据库、全球竞争力指数（GCI）数据整理]

6.5.2 专利转让与经济增长比较分析

本书选取 1998—2020 年中国、法国、美国、德国专利贸易竞争力指数进行分析和比较，如图 6-7 所示。从图 6-7 可以看出，美国的专利贸易竞争力指数是最强的且始终大于零，说明美国专利出口获得收益远大于进口支付的费用。德国的专利贸易竞争力指数上升趋势明显，2009 年以后德国在专利出口方面获得收益开始大于专利进口支付的费用，并于 2016 年追赶上美国，当前基本处于平稳发展态势。尽管中国的研发投入在持续加强，但是专利贸易竞争力指数仍然始终小于零，说明中国专利出口获得收益远远低于专利进口支付的费用，但值得注意的是 2018 年以后，中国的专利贸易竞争力指数上升趋势明显。

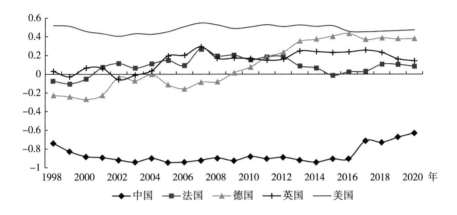

图 6 - 7　中美法德英五国研发专利贸易竞争力指数比较

（资料来源：根据世界发展指标数据库 1998—2020 年数据整理）

专利转让是专利的价值和活跃程度的体现，专利转让包括本国内部的转让和本国与他国之间的转让，本书以专利转让次数作为中介变量，对专利转让在研发投入促进经济增长的过程中的机制进行研究和分析。相关数据由德温特专利数据库中 2009—2019 年中国、美国、法国、德国、西班牙 5 个国家的专利进口和出口的转让次数和占比的数据整理而得。

专利转让有一个专利转让多次和转让一次的情况，本节将专利转让次数（npa）视为每项专利转让次数的累加值，进而将专利转让次数作为专利活跃度对经济增长进行回归分析（见表 6 - 12）。表 6 - 12 中，列（1）是 5 个国家的研发投入对经济增长的影响结果，其回归结果显示，整体而言，研发投入在 1% 的显著水平上对经济增长有正向影响，且估计系数为 0.738，研发投入每增加一个百分点，经济将增长 0.738 个百分点。列（2）中研发投入在 1% 的显著性水平上对专利转让次数（npa）存在正效应，且回归系数为 2.521。列（3）回归结果表明，在考虑控制变量、时间固定效应和个体固定效应的情况下，专利转让次数在 5% 的显著性水平上对经济增长具有正向作用（回归系数为 0.0295），且研发投入在 1% 的显著性水平上对经济增长具有正向作用（回归系数为 0.725）。随后，采用 Bootstrapping 法对专利转让次数的中介效应进行检验，认为专利转让次数在研发投入与经济增长之间的中介效应路径存在。因此，专利转让次数在研发投入与经济增长之间存在中介效应。

表 6－12　　　　　　　　专利转让与经济增长

变量	（1）	（2）	（3）
	gdp	npa	gdp
rd	0.738 ***	2.521 ***	0.725 ***
	(0.026)	(0.222)	(0.036)
npa			0.0295 **
			(0.014)
控制变量	控制	控制	控制
时间固定效应	是	是	是
个体固定效应	是	是	是
_cons	7.868 ***	− 64.28 ***	7.356 ***
	(0.842)	(5.002)	(0.932)
R^2	1.000	0.992	1.000
N	55	55	55

注：*、**、*** 分别表示估计系数在 10%、5%、1% 的水平上显著。

6.6　小结

本章主要以熵权法对与专利申请、专利价值、专利转让密切相关的 20 个因素进行计算得到的分数作为专利活跃度替代变量。专利活跃度的总体得分中，最大值为 0.82，最小值为 0.05，相差达到 15 倍，说明活跃度是有显著差别的。在各子活跃度得分中，申请活跃度最大值和最小值之比为 14，价值活跃度最大值和最小值之比为 24，得分差别最大，转让活跃度最大值和最小值之比为 12。

本书研究了专利活跃度在研发投入促进经济增长的过程中发挥的价值或者作用,对研发投入促进经济增长机制进行分析。从研究结果来看,总专利活跃度的中介效应显著,且申请活跃度、价值活跃度、转让活跃度三个专利子活跃度的中介效应也十分显著。

同时,本章还以四大战略新兴产业为研究对象,对专利活跃度在研发投入促进经济增长过程中的中介效应进行了探究,研究发现,新能源汽车产业的研发投入对经济增长的促进作用最强,生物产业的研发投入对经济增长的促进作用最弱。

第7章 专利活跃度的门槛效应实证分析

7.1 专利活跃度的门槛效应

本章选取 OECD 和 RCEP 数据齐全的成员国以及俄罗斯和印度共 45 个国家，这些样本国家处于不同的经济发展阶段，研发投入和经济增长速度存在差异，那么专利活跃度是否存在门槛值？如果存在门槛值，那么其对研发投入和经济增长的可能影响有哪些？是值得深入分析的内容。

7.1.1 专利活跃度的门槛效应

谢臻和卜伟（2018）、周密和申婉君（2018）、李爽（2017）等研究发现，在研发投入影响企业技术创新积极性时，专利保护强度存在门槛效应。戴小勇和成力为等（2013）研究发现，研发投入强度只有达到第一门槛值时，才能对企业绩效产生显著促进作用。从前文分析可知，专利活跃度在研发投入促进经济增长的过程中有显著的中介效应，且不同子活跃度也有较显著的中介效应。专利活跃度在发生中介效应时是否也具有门槛效应是值得分析的问题，这可以为相关部门制定政策提供更科学的参考依据。

7.1.2 专利活跃度的门槛值

本章尝试以专利活跃度作为门槛变量进行门槛效应检验，以便研究在不同门槛值的情况下研发投入对经济增长的影响程度是否相同。为确定门槛的个数，本章在单一门槛、双重门槛和三重门槛假设下进行门槛自抽样检验，对 F 统计值和 Bootstrap 法得到的 p 值进行选择，结果如表 7-1 所示。从表7-1可以看出，单一门槛检验和双重门槛检验的结果都在 10% 的显著性水平上显著，但是在三重门槛检验时，则不再具有显著性，因此判定专利活跃度具有双重门槛效应。通过逐一检验可以得出双门槛效应的门槛值，即专利活跃度的第一门槛值为 0.0297，第二门槛值为 0.1814，此双重门槛值将专利活跃度分为三个区间，后文还将对专利活跃度不同区间的中介效应进行分析。

表 7 – 1　　　　　　　　　　门槛效应自抽样检验

门槛模型	门槛值	F	p 值	BS 次数	F 的临界值		
					10%	5%	1%
单一门槛检验	0.0297	42.54 *	0.0167	300	28.7927	35.4182	44.6785
双重门槛检验	0.0297 0.1814	36.74 *	0.0133	300	26.5766	31.7833	44.0348
三重门槛检验	0.0297 0.1814 0.0082	11.78	0.5767	300	66.9488	89.3703	137.2567

注：＊表示估计系数在 10% 的水平上显著。

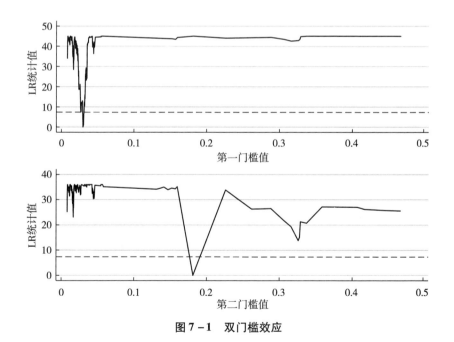

图 7 – 1　双门槛效应

7.2 依据门槛值国际及产业的活跃度分类

7.2.1 依据门槛值划分的高、中、低专利活跃度的国家

根据双门槛值可以将整个国家的专利活跃度分为三种类型：低专利活跃度（$pai < 0.0297$）的国家，中专利活跃度（$0.0297 < pai < 0.1814$）的国家，高专利活跃度（$pai > 0.1814$）的国家，进而将本书样本中的45个国家进行分类，如表7-2所示。

表7-2　　　　　　　低、中、高专利活跃度的国家划分

高专利活跃度		中专利活跃度		低专利活跃度					
国家	pai 值	国家	pai 值	国家	pai 值	国家	pai 值	国家	pai 值
中国	0.600	韩国	0.147	墨西哥	0.026	意大利	0.019	土耳其	0.012
美国	0.416	德国	0.056	匈牙利	0.026	智利	0.018	爱沙尼亚	0.011
日本	0.295	澳大利亚	0.049	爱尔兰	0.025	哥斯达黎加	0.018	立陶宛	0.011
		俄罗斯	0.042	瑞典	0.022	挪威	0.018	葡萄牙	0.010
		加拿大	0.040	新西兰	0.022	马来西亚	0.017	拉脱维亚	0.010
		英国	0.038	以色列	0.022	哥伦比亚	0.017	希腊	0.009
		荷兰	0.038	丹麦	0.021	波兰	0.017		
		瑞士	0.038	泰国	0.020	比利时	0.015		
		印度	0.032	冰岛	0.020	斯洛伐克	0.014		
		法国	0.032	越南	0.020	捷克	0.014		
		新加坡	0.030	菲律宾	0.020	奥地利	0.014		
		卢森堡	0.029	芬兰	0.019	西班牙	0.013		

由于智利、比利时、哥伦比亚、哥斯达黎加、捷克等国家的专利活跃度熵权法得分较低，因此归类为低专利活跃的国家。低专利活跃度的国家的专利申请、价值和转让都比较低，但也不排除可能有单个专利的活跃度比较高的可能性；高专利活跃度国家的专利整体申请、价值和转让都比较高。

7.2.2 依据门槛值划分的高、中、低专利活跃度的产业

根据双门槛值和战略新兴产业的平均专利活跃度的结果，将选定的四个战略新兴产业区分为的专利活跃度分为三种类型：低专利活跃度（$pai < 0.0297$）的产业，中等专利活跃度（$0.0297 < pai < 0.1814$）的产业，高专利活跃度（$pai > 0.1814$）的产业，具体分类如表 7 - 3 所示。

表 7 - 3　　　　　　　四个战略新兴产业的专利活跃度分类

战略新兴产业	平均专利活跃度	产业活跃度
新一代信息技术	0.1660	中专利活跃度
生物	0.1667	中专利活跃度
新能源汽车	0.2000	高专利活跃度
高端装备制造	0.1653	中专利活跃度

考虑到不同国家的战略新产业的政策和研发投入可能不同，所以根据双门槛值和国家四个产业的专利活跃度的平均值将样本国家的四个战略新兴产业进行分类，如表 7 - 4 所示。从表 7 - 4 的分类结果可以看出，中国的四个战略新兴产业均属于高专利活跃度的产业，美国的四个战略新兴产业中仅有高端装备制造产业属于中专利活跃度的产业；日本仅有新能源汽车产业属于高专利活跃度产业，其他的三个产业均属于低专利活跃度范围。因为选定的样本国家的专利活跃度整体较高，所以所有样本国家的四个战略新兴产业都处于中或高专利活跃度产业范围。

表 7 - 4　　　　　不同国家在四个战略新兴产业的专利活跃度归类

战略新兴产业	高专利活跃度产业的国家	中专利活跃度产业的国家
新一代信息技术	中国 、美国	加拿大、法国、德国、印度、日本、英国
生物	中国 、美国	加拿大、法国、德国、印度、日本、英国
新能源汽车	中国、日本、美国	加拿大、法国、德国、印度、英国
高端装备制造	中国	加拿大、法国、德国、英国、美国

尽管日本是发达国家，但在这四个产业中仅有新能源汽车产业的专利活跃度处于高专利活跃度区间，其他三个产业均处于中等专利活跃度的水平，原因可能是尽管日本有多年的经济和技术创新的积累，但是日本持续

的创新能力正在被其他国家赶超。中国的四个战略新兴产业均处于高专利活跃度水平，原因可能是中国对战略新兴产业支持力度较大，经过多年的研发投入之后中国技术创新能力正在逐步提升。

7.3 专利活跃度门槛效应估计与分析

从上文可知专利活跃度具有双门槛效应，为了更好地检验专利活跃度在不同门槛条件下在研发投入对经济增长过程中的中介效应，本书再次将研发投入、专利活跃度、经济增长在不同门槛值条件下进行回归分析，如表 7 - 5 所示。列（1）研究了专利活跃度（pai）的中介效应，结论与前文一致，列（2）是研究专利活跃度小于第一门槛值（$pai < 0.0297$）的情况下中介效应，其回归的估计系数（0.267）为正，且在 1% 的显著性水平上显著，列（3）是研究专利活跃度在双重门槛值之间（$0.0297 < pai < 0.1814$）的情况下中介效应，回归的估计系数（0.613）为正，且在 1% 的显著性水平上显著，列（4）是研究专利活跃度大于第二重门槛值（$pai > 0.1814$）的情况下中介效应，回归的估计系数（0.764）为正，且在 1% 的显著性水平上显著。整体而言，随着专利活跃度提高，研发投入对经济增长的作用逐渐增强，当专利活跃度跨过第二门槛值时，研发投入对经济增长的作用效果最强。

表 7 - 5　　　　不同专利活跃度门槛值的研发投入与经济增长

变量	(1)	(2)	(3)	(4)
	gdp	gdp	gdp	gdp
rd	0.300 ***			
全部 pai	(0.025)			
rd		0.267 ***		
($pai < 0.0297$)		(0.025)		
rd			0.613 ***	
($0.0297 < pai < 0.1814$)			(0.079)	
rd				0.764 ***
($pai > 0.1814$)				(0.102)

续表

变量	（1）	（2）	（3）	（4）
	gdp	gdp	gdp	gdp
控制变量	控制	控制	控制	控制
时间固定效应	是	是	是	是
个体固定效应	是	是	是	是
_cons	19.93 ***	18.96 ***	10.96 ***	5.921 *
	（0.743）	（0.695）	（2.189）	（2.730）
R^2	0.997	0.995	0.997	0.998
N	495	337	124	34

注：*、**、*** 分别表示估计系数在 10%、5%、1% 的水平上显著。

随着专利活跃度提高，研发投入对经济增长的作用逐渐增强，原因可能有以下几点。首先，专利活跃度越高，说明研发投入获得创新成果的价值越大，而研发投入对经济增长的促进作用明显，国家和企业的研发投入都具有持续性，当技术创新达到一定程度后，研发投入对经济增长的促进作用具有加速效应。其次，专利活跃度越高，社会资本在进行资本投资时，专利的价值评估往往也会较高，则投资的额度及速度都会较高，从而促进经济的增长。同时，专利活跃度也可以提升企业品牌形象或者国家的科研实力，以此得到更多的社会认可，从而提升其品牌价值和社会影响力，带来间接的经济效益。最后，专利活跃度跨越第二门槛值后，更能显现其专利的价值，体现厂商的创新的能力，有利于增强企业所有者或者国家对于研发投入的信心和决心，让企业和国家在研发投入方面更愿意投入、舍得投入、持续投入。研发投入本身就能很好地促进经济的增长，而研发投入对专利活跃度也有很好的促进作用，三者相互促进，持续地促进了经济增长。

7.4　小结

为了深入探究专利活跃度作用下研发投入对经济增长的影响，本章在前文研究的基础上进一步对其门槛效应进行探究，并对其在不同门槛值的作用效果进行了异质性分析。研究发现：第一，通过对专利活跃度进行门槛效应检验发现专利活跃度具有双门槛效应，第一门槛值为 0.0297、第二门槛值为 0.1814；第二，随着专利活跃度提高，研发投入对经济增长的作用逐渐增强，当专利活跃度跨过第二门槛值时，研发投入对经济增长的作用效果最强；第三，根据专利活跃度的双门槛值将国家的四个战略新兴产业划分为低、中、高专利活跃度产业，结果表明，中国的四个战略新兴产业均处于高专利活跃度水平，经过多年的研发投入之后中国技术创新能力正在逐步提升。

第8章　结论及政策建议

8.1　结论

研发投入是促进创新的有力保障，国家整体研发投入的情况将影响国家的创新能力和竞争实力，而持续性的创新是保持经济长期增长的核心动力。专利是创新的成果之一，发明专利是用于推动创新发展的主要成果，因此，发明专利无论是在专利库里"沉睡"还是转化为产品获得利润，对经济增长都十分关键。

在理论分析的基础上，本书首先选取了 OECD 和 RCEP 的成员国以及俄罗斯、印度共 45 个国家的 2009—2018 年数据对研发投入与经济增长的关系进行实证研究，并对四大战略新兴产业的数据进行细分研究。其次，选用德温特数据库以及世界知识产权组织数据库中与专利申请、专利价值、专利贸易相关的 20 个指标作为度量专利的整体活跃程度的指标，对专利活跃度的中介效应机制进行了研究。最后，通过探究专利活跃的双门槛效应，根据结果将专利活跃度区分为三个区间，并进行了中介效应的异质性分析。全书探究了研发投入、专利活跃度与经济增长的关系，并得出以下重要结论。

8.1.1　研发投入对经济增长有积极促进作用

本书基准回归及稳健性检验、内生性检验、异质性检验结果表明：第一，研发投入对经济增长有较好的正向促进作用；第二，发展中国家的研发投入对经济增长的正向促进作用低于发达国家；第三，仅属于 OECD 的成员国的研发投入对经济增长的正向影响大于仅属于 RCEP 的成员国；第四，四个战略新兴产业中，新一代信息技术产业的研发投入对经济增长的促进作用更加显著，高端装备制造产业研发投入对经济增长的促进作用位列第二，新能源汽车产业研发投入对经济增长的促进作用排名第三，生物产业研发投入对经济增长的促进作用排名最后。

8.1.2 专利活跃度在研发投入促进经济增长过程中有中介效应

本书通过研究发现，专利活跃度在研发投入促进经济增长发挥了显著正向中介作用，且三个子活跃度也分别有较好的中介效应，相比之下专利转让活跃度在研发投入对经济增长中的作用最强。

在四大战略新兴产业的研发投入对经济增长的促进作用中，新能源汽车产业的研发投入对经济增长的促进作用最强，生物产业的研发对经济增长的促进作用最弱。对于四大战略新兴产业的专利活跃度的中介效应，新一代信息技术产业专利活跃度在研发投入对经济增长中的作用最强，新能源汽车的专利活跃度在研发投入对经济增长中的作用最弱。

8.1.3 专利活跃度具有双门槛效应

为了更好地研究专利活跃度的作用，本书对专利活跃度进行门槛效应检验时发现专利活跃度具有双门槛效应。研究发现：第一，第一门槛值为0.0297、第二门槛值为0.1814；第二，当专利活跃度小于第一门槛值（$pai < 0.0297$）时，研发投入对经济增长的作用略低于全样本的结果；第三，当专利活跃度在双重门槛值之间（$0.0297 < pai < 0.1814$）时，研发投入对经济增长的作用大于全样本的结果；第四，在专利活跃度大于第二重门槛值（$pai > 0.1814$）的情况下，研发投入对经济增长的作用最强，说明随着专利活跃度的增加，研发投入对经济增长的作用逐渐增强。本书根据专利活跃度的双门槛值将国家分为了低、中、高专利活跃度国家，发现中国的四个战略新兴产业均处于高专利活跃度水平，经过多年的研发投入之后，中国技术创新能力正在逐步提升。

8.2　政策建议

8.2.1　加大研发投入，夯实经济增长基础

8.2.1.1　加大政策支持力度，充分发挥政府职能

从前文分析可知，2020 年 GDP 排名前 5 的国家中，中国的 GDP 排名第二，但是中国研发投入占 GDP 的排名第四，仅高于英国。为了保障中国经济发展的持续性及稳定性，中国需要继续有效地加大研发投入的政策支持力度，提升研发投入在 GDP 中的占比。对此，中国可以采取以下方式。

（1）出台支持企业加大研发投入政策，实现产业结构优化升级。企业、大学和研发机构都是研发的贡献者，政府可以根据各自特点制定相应政策。针对我国目前的具体研发投入和经济现状，政府在激励企业加大研发投入时有多种措施。第一，实施研发前的专项资金支持，对于国家某些领域紧缺的技术，由国有企业、民营企业或者混合所有制企业承担项目，国家直接设立专项资金或基金，并提供一定比例的配套资金支持，从而推动此项技术的攻关和突破。第二，在研发过程中对研发投入实施直接补贴政策，根据国家目前技术与全球前沿的差距，对目前国内特定产业给予研发投入的直接补贴，比如新能源汽车、生物医药等产业；同步配套考核机制及后期审计体系，让资金安全地投入技术创新的研发。第三，研发创新成果在产业化后实施成本补贴政策，对于传统企业和目前非战略新兴产业，国家很难对所有的研发给予支持，可以在其研发成果产业化过程中给予政策支持或产业化后给予一定的补贴。第四，实施与销售收入有关联的、无上限的税收优惠政策，国家有的税收优惠政策有上限，企业享受到一定程度之后将无法持续性获得，因此可以将税收与营业收入的持续性增长挂钩，要求企业的研发投入不低于优惠的税收额度要求，从而促进企业将更多的资金、资源、人才、设备等积极地投入研发。

（2）政府发挥作用，推动专利均衡发展。专利申请、授权和转化的过程涉及多方利益，因此政府和企业在保护创新主体产权和利益的同时，也需要注重调整平衡各方利益，促进不同专利和不同产业的协调发展。政府

可以通过政策调节或者优化甚至变革以增强国家不同产业竞争优势和竞争实力，例如，政府可以通过法规改变国内需求条件和供给条件。政府的财政支出可以改变需求资源，而政府的监管能力和执行效率也直接或间接地影响企业的经营管理，政府的相关政策法规能够为企业创造合适的营商环境保障企业的顺利经营等。因此，政府应通过鼓励企业提高研发投入意愿和强度以提升创新力度，有效地扩大科研员工数量，提升专利创新的规模，从而推动经济发展。

（3）优化政府在科技投入方面的结构。政府需以合理、科学和客观的科技投入评估为基础，优化政府科技计划体系并明确支持方向和范围，重点解决制约中国经济发展的重大科技问题、技术难题、技术瓶颈甚至技术缺口，完善多元化的科技投入体系。同时，中央及各省级政府也要实行符合国情的财政扶持政策，促进不同省份、区域的企业不断加大科技研发的投入，以各级政府投入作为"药引子"激活各种社会资本，增加对企业的研发投入。从国家的全局出发，统筹形成以企业投入为主体、以各级资本为支撑的多层次、多渠道的科技投融资体系。

（4）政府增加对复合型人才的投入。由于中国企业管理起步较晚，近几年企业随着国际化发展，对复合型人才的需求逐步增加，尤其是制药及生物技术行业、化学制品行业中的新材料行业、汽车及零件行业、新一代信息技术产业等技术密集型行业，具有国际视野或者能解决复杂问题的复合型人才对于企业的发展至关重要。因此，政府需要解决行业内企业面临吸引和留住优秀人才的难题，加大对复合型人才的培养和教育，为其提供必要的条件和基础。政府需要从国家战略和整体人才战略上进行布局和长期的人才培养投入，以满足未来国家发展战略和产业布局以及战略新兴产业发展的需求。具体而言，政府应加大人才培养资金的投入，提供相关平台以加强其对项目或者管理的实践经验，培养既有技术背景，又有管理理念的人才。

（5）政府优化基础性人才教育环境。基础教育对于一个国家的创新发展和经济持续增长起着重要作用，政府应增加教育经费的投入和教师培育的投入，提高教育的整体水平和加强整体教育体系的建设，为培养专业的研发人才、综合的管理人才以及知识产权人才建立强有力、持续发展和持续输出高质量人才的基础。政府要鼓励企业更加关注在实践中对专业人才的培养、人才梯度的搭建，对这些专业人才舍得投、持续投、一直投，既需要做到"招进来"，也需要"留得下"，这既是企业培育人才的关键之路，也是政府强大的必经之路。企业对研发人才给予全方位的支持与培养，让他们不被社会浮躁的氛围影响，不为"五斗米折腰"，这样才能保证研发人员可以全心、静心地投入研究工作。

8.2.1.2　建立国家创新系统，推动科技共同发展

专利是创新的重要形式之一，而创新对战略形象产业十分重要。创新需要有一个可以量化促进共同发展的创新系统作为保障，创新系统首先需要具备以下几点基础性功能：（1）借助以创新企业为节点的创新网络平台，促进创新知识快速传递、创新信息及时交流，为外部经济的发展创造良好环境；（2）借助与市场之间各种创新要素的互动，从而更好地为新技术探索指引方向；（3）借助与资源要素的互动，加速新技术的成长；（4）借助与政策要素的互动和交流，保障新技术发展的速度与方向，接力政策红利。

其次，为了创新体系推动创新的均衡发展，在建立国家的战略新兴产业创新系统时还需要做到：（1）顶层设计创新系统，尤其是将专利活跃度指数的提升纳入其中，因为创新过程中面临未来市场、技术潜能及政策与监管环境的不确定性，以及知识与信息的不完备性和更新迭代速率不同，所以需要全面考量和处理创新系统各要素及其内在机理、协调性以及均衡性，有效推动技术创新和创新系统的完善、可运营和充分发挥其支撑作用；（2）将政策顶层设计纳入创新系统的设计与建设，因为创新系统的政策要素需要对创新速度和方向产生影响；（3）充分考虑企业在创新节点上的作用，企业发展战略、企业文化、企业创新对技术研发以及创新技术的快速运用与有效传递，以及知识的传播速度、精确度、深度和广度，都对创新的成败具有决定性的影响。

最后，建立国家的创新系统之间的连接通道。专利活跃度指数越高，国家之间合作的可能性越大，彼此之间需要的合作技术、知识越多，因此建立各国创新体系之间的良好通道十分重要。以 2019 年新冠疫情为例，中国预防新冠疫苗的临床研究需要在全球不同国家开展，其他国家的疫苗也

有到中国开展临床研究的需求，而很多技术都具有专利保护的要求，各个国家之间创新的连接通道以及无保留的技术传递能起到非常关键的作用。建立国家之间提升专利活跃度指数的连接通道，有利于快速提升专利技术的成果转化，如阿联酋的临床研究数据，若能顺利被他国药监系统认同，对于疫苗全球的供应与接种、疾病的预防、经济的稳定都具有十分重要的意义。因此，建立创新通道可以更快地控制疫情的发展，从而对经济发展有更好的保障和促进作用。

8.2.1.3 研发投入以产业链为基本着眼点，优先重点产业和企业

以产业链的整体战略指导研发投入资源配置，适当调整优化投入结构，加强投入的集中度，重点投入知识智力密集的高端产业，提高投入效率，如在第三产业中，投入应着重于综合技术服务业、信息传输计算机服务和软件业、文化体育和娱乐业、教育事业和科学研究事业。在第二产业中，应着重增加电气机械及器材制造业、通信设备计算机及其他的电子设备制造业的经费。在明确研发投入优先重点产业的基础上，研发投入要进一步选择产业链上的龙头企业以及发展势头较好的新兴企业集中投入。通过对产业链和企业的选择性投入，力求在相对较短时间内形成产业链竞争力的整体突破。总之，研发投入是一项长期有效的投资，加大对产业的研发投入是增强企业创新能力、促进经济增长、应对金融危机的利器，加大研发投入，功在当代，利在千秋。

8.2.2 提升专利活跃度，保障经济持续增长动力

8.2.2.1 提升专利价值活跃度，促进创新成果转化

从前文图 6-1（a）可以发现，专利价值活跃度得分整体较低，而发明专利价值是影响专利能够产业化的关键因素。由于专利价值活跃度指标包括专利价值度星级、专利技术先进性、技术稳定性、专利家族、专利保护范围等指标，因此可以从以下方面提升专利价值活跃度：（1）在国家和企业的专利策略上，将专利的技术先进性放在首位。由于各国必须遵守专利条约和专利保护制度，因此专利的技术先进性最能代表专利在全球的水平和价值，如果是全球最为先进的技术或者首个专利如新冠疫情的相关专利，则此专利的价值较大。（2）研发透彻，获取高专利技术稳定性。由于

技术研发和创新有不确定性，创新的技术需要具有可重复性、可验证性、可传递性。专利的技术稳定性包括与之前的相关专利相比此专利的稳定性是否提高、此专利的复杂性是否提高、产业化后成本是否降低、该专利在效率方面是否提高、确定性是否提高、产业化的速度是否提高及其他方面是否有提升等多个方面。因此在申请专利时需要明确所申请的专利的技术稳定性，为后期专利产业化做好保障。（3）全局统筹，确定专利的保护范围。保护范围是依据专利技术范围和企业专利战略、策略的组合设定的，需要全局统筹，协调长短期利益、现有专利未来技术创新的衔接等，才能为实现专利价值和经济利益最大化提供基础。

8.2.2.2　提升专利活跃程度，实现创新发展协同

要实现创新发展协同，首先要在一个国家内部建立提升专利活跃度的协同实施机制。只有提升各个行业、各个研发机构或组织的专利活跃度，才能从整体上提升整个国家的专利活跃度，这是一个复杂的系统工程，需要多个子系统组织构成，包括以技术创新功能为主的企业、以科学研究功能为主的大学和科研机构、以政策引导功能为主的各级政府及协会组织、以市场辅助功能为主的服务机构。因此，需要从国家战略层面制定上层策略和搭建平台，使各组织之间通过平台有机会深入互动与协作以便共同创新，在有各种保障措施的情况下进行资源的有机整合和最大化利用，从而充分实现科技创新与市场的无缝对接，实现供需的平衡和科技创新成果的快速产业化和商业化，达到专利实施的高效率和高收益，最终带来社会福利最大化。

其次，在全球建立提升专利活跃度的协同实施机制。全球发展依然面临很多难题，尤其是维护健康与和平方面的问题，人类健康是全人类的共同使命，2019 年新冠疫情暴发以来，全球都在竭尽全力地研发疫苗和治疗性药物。2020 年中国陆续向全球多个国家支援疫苗、支援抗击疫情的技术。2021 年 5 月，美国放弃新冠疫苗的专利保护。维护全球共同健康的有力保障，既需要创新国家的慷慨援助，也需要被援助国家有很好的体系进行专利等技术的转移与转化。人类未来会继续面临和平、健康的挑战，需要全球协调一致，提升专利活跃度的协同实施机制。

最后，建立国家与全球提升专利活跃度的协同实施机制之间的联动机

制。任何一个国家都有责任为了全球的发展做出应有的贡献，应对新冠疫情、气候变暖、土地荒漠化、石油等问题，都需要各方贡献创新的技术和成果，而不是"关起门来"自己发展，甚至是进行贸易管制，限制本国技术、设备、原材料的正常出口贸易。世界是平的，往往需要更好的、更为先进的技术创新才能找到解决方案，一旦找到就应该从本国内部建立专利的实施与应用机制并快速响应到危难的国家，给予及时的技术援助或者支持，以确保全球的经济的健康与均衡发展。因此，建立国家与全球提升专利活跃度的协同实施机制之间的联动机制十分必要。

8.2.2.3 提升专利出口收益，加强专利转让转化

（1）建立和完善专利展示交易平台。中国专利的申请量和授权量在全球名列前茅，但是在知识产权交易方面却比较落后。在经济飞速发展、技术和知识急速迭代的今天，知识产权尤其是发明专利对建设创新型企业尤为重要。要使专利发挥应有的经济效益和价值、让更多的新产品造福百姓，建立完善、公平、高效的专利展示交易平台是必然的选择。全球化的专利展示交易平台是与国际快速接轨的通道之一。全球的专利可以通过各地方专利交易平台来实现网络化运营和快速的信息同步与展示，使全球最新的知识和最先进的技术实现无障碍的展示和流动，更好地实现与国际或其他机构进行战略性交流和合作。

（2）在有效专利的维护费用方面给予发明者一定支付弹性空间。对现有专利给予窗口期，专利权人可以自主选择缴费还是放弃，缴费前的不再追究，后续根据效果缴费，国家按比例给专利费支付一定的奖励。

（3）中国当前个人、大专院校、科研院所、机关团体以及企业均可以申请专利，他们获得并拥有大部分发明专利且申请量每年以较大幅度增长。高校的使命在于教育，应当鼓励老师或者学生创业；企业以及科研机构是知识产权人才的集聚地，应该更加注重专利申报，成为专利申报的主体，但目前这些企业中的知识产权专业人才大多是从外部引进。因此，企业需要建立平台，在平台内部对员工在职培训，形成个人能力提升整套体系良性运转，对企业或社会持续创新能力的培养有重要意义。

（4）及时合理地利用或释放知识产权。专利是对知识进行保护，然而其只是短暂的保护，超出期限保护就会失效。对此，我们需要在规定时间

内合理利用、吸收，将其商品化和产业化，尽快提高区域集聚国内外科技资源的能力，提高国家技术创新能力、实力和效率，促进中国自主知识产权产品、产业化和企业的快速发展，推动企业的技术创新和创新成果的快速高效转化。

（5）重点培养与配套产业协同发展。加大对重点领域产业研发投入的同时，应注重配套产业的建设，培育并提高自主创新能力。当前，美国为遏制华为的市场，禁止华为购买及使用美国生产的芯片，以此斩断华为的供应链，这为中国跨国公司的发展敲响了警钟。加大研发投入与配套产业发展来打造关键技术的自主创新知识产权是十分必要的。

（6）知识产权贸易关税的合理化。引用专利需要缴纳相关费用，在专有技术等知识产权引进中可以采用适当的税收政策。根据国家经济发展的需要，面对战略性新兴产业发展所需要的新技术，政府应考虑降低新技术引进企业的综合税负。如对《中国制造 2025》重点发展十大领域的知识产权引进时，可在现有税收优惠的基础上，扩大优惠力度及降低引进企业的综合税负。

8.2.3　制定多元产业政策，促进经济高质增长

在战略新兴的主导产业中，创新一直备受关注，通过国际许可是获得技术创新的方式之一。国家应该从多方面进行产业政策的分析和研讨，尤其是税收政策、信贷政策、政府补贴政策、人才培养与引进政策等，一个国家的产业政策具有极强导向作用，尤其是中国的民营企业，往往会根据国家的产业政策的变化调整企业的研发投入，甚至是研发方向。如中国生物制药产业 2015 年重大的产业政策调整和制度变革就给真正做研发和实业的企业带来了机遇。

8.2.3.1　建立系统化支持体系，保障产业政策落地

国家在制定产业政策时，需要考虑精细化的细分，如按照行业和不同类型的企业所有制形式进行政策的精细化制定。对实力强大、设备齐全、管理完善的企业而言，对政策的需求可能不是资金和税收，而是信贷方面；民营企业则更希望是税收和财政补贴，以此直接进行研发投资，从而快速提升研发的实力。此外，产业政策可能还面临区域的调整，如长三角和北

方的企业、东部地区和西部地区的企业对产业政策的需求往往也有较大的差别。具体而言，考虑到我国的实际情况和区域的均衡发展，产业政策的制定可以从以下方面入手。（1）完善政策措施与建立健全的机构设置。完善有效、客观可行的政策措施与健全的机构设置是发展科技创新基础保障。专利申请转化过程中要历经初审、公布、实质审查等流程，在审批过程中，审批人员的经验、专业程度等均会影响专利申请的时间，故应尽量简化政府管制的流程，确保行政审批的过程的实效性、便捷性，让市场在资源配置中起到基础性作用，充分促进市场的良性发展。（2）执行和遵守各地专利相关政策或措施。如果地方出台了专利申请或资助政策但不够完善、客观、高效，一方面对专利的申请短期内起到了一定的推动作用，但长期有不确定性；另一方面，也出现了不少弄虚作假及垃圾专利。例如，有人为了得到专利相关资助，成为"专业专利申请人"，拥有众多"沉睡"的专利，甚至为了获取更多的资助，将一个完整的专利拆分为若干个小专利，导致专利产业化的概率很小并且产生了大量的垃圾专利。由于优惠政策往往有时限和申请条件的限制，专利权人在享受优惠政策后，没有能力或意愿持续支付专利维持费，最后低价转让或者置之不理，导致技术的公开，各地应进一步完善专利相关政策或措施，确保产业良性发展。

8.2.3.2 产学研合作要围绕关键核心技术深度融合，加快技术成果转化

一个行业的核心技术是其发展的关键所在，围绕核心技术建立完善的合作机制和信息对接平台，形成协同创新的强大合力，加快技术成果转化，促使高校和研究所的创新研发更符合市场的需求，企业的需求积极带动高校和研究所增强原始创新力，以创新驱动发展，更好地发挥高校和研究所在产学研合作机制中的重要作用。

目前技术迭代速度快，统一网络内部的知识共享是促进创新的有效途径，因此要突破网络外部的合作局限。龙头企业研发实力强、经济实力雄厚，政府要支持龙头企业的强强联合战略，鼓励龙头企业突破现有合作模式的局限，指导企业加快产学研协同攻关，多融入产学研合作网络，发挥带头作用；同时，政府不仅需要发挥产学研合作网络创新政策的导向作用，更要加强在合作网络中的参与度，积极打造有利于产学研深度融合、攻克

核心关键技术的政策环境。

产学研的合作一直都存在，但是合作的深度和融合程度往往不够，因此加强企业与高校、研究所的密切交流和深度融合，增强企业主导地位是比较有效的途径。在创新推动发展战略背景下，各企业，尤其是规模较大的龙头企业，应充分利用内外部资源，寻找与自身核心技术相吻合的外部创新异质主体，积极了解行业或者产业与学、研合作相关政策，抓住机遇，加大合作力度，注重知识融合与转化，努力成为所在产业或行业的产学研合作网络中的核心企业，实现多方协作利益最大化，促进经济增长。

参 考 文 献

[1] Aghion, P. , and P. Howitt. A Model of Growth Through Creative Destruction [J] . Econometrica, 1992, 60 (2): 323 –351.

[2] Allison, J. R. , M. Lemley, K. A. Moore, et al. Valuable Patents [J] . Berkeley Olin Program in Law & Economics Working Paper, 2003, 92 (3): 435 –479.

[3] Batabyal, A. A. , and H. Beladi . Patent Protection in a Model of Economic Growth in Multiple Regions [J] . Networks & Spatial Economics, 2016, 17 (1): 1 –14.

[4] Bravo – Ortega, C. , álvaro García Marín. R&D and Productivity: A Two Way Avenue? [J] . World Development, 2011, 39 (7): 1090 –1107.

[5] Chu, A. C. Patent Policy and Economic Growth: A Survey [J/OL] . MPRA Paper, 2020.

[6] Cinnirella, F. , and J. Streb . The Role of Human Capital and Innovation in Economic Development: Evidence from Post – Malthusian Prussia [J] . Journal of Economic Growth, 2017, 22 (2): 1 –35.

[7] Coase, R. H . The Nature of the Firm [J] . Economica, 1937, 35 (1): 128 –152.

[8] Fan, S. , J. Yan, and J. Sha . Innovation and Economic Growth in the Mining Industry: Evidence from China's Listed Companies [J] . Resources Policy, 2017 (54): 25 –42.

[9] Fisher, F. M. , and P. Temin . Returns to Scale in Research and Development: What Does the Schumpeterian Hypothesis Imply? [J] . Journal of Political Economy, 1973, 81 (1): 56 –70.

[10] Foster, C. Global Transfers: M – Pesa, Intellectual Property Rights

and Digital Innovation ［J］. 2021（8）.

［11］Frame, J. D. Mainstream Research in Latin America and the Caribbean ［J］. Interciencia, 1977, 2（2）: 186.

［12］Gallini, T. Patent Policy and Costly Imitation ［J］. RAND Journal of Economics, 1992, 23（1）: 52 – 63.

［13］Garg, K. C. , and P. Padhi . Scientometrics of Laser Research Literature as Viewed Through the Journal of Current Laser Abstracts ［J］. Scientometrics, 1999, 45（2）: 251 – 268.

［14］Grossman, G. M. , and E. Helpman . Quality Ladders in the Theory of Growth ［J］. Review of Economic Studies, 1991.

［15］Hu, A. G. , G. H. Jefferson, and J. C. Qian . R&D and Technology Transfer: Firm – Level Evidence from Chinese Industry. 2005, 87（4）: 780 – 786.

［16］Hu, A. G. Innovation and Economic Growth in East Asia: An Overview ［J］. Asian Economic Policy Review, 2015, 10（1）: 19 – 37.

［17］Janger, J. The Research and Development Systen in Austria – Input and Output Indicator ［J］. Monetary Policy & the Economy, 2005（1）: 43 – 57.

［18］Kelley, A. Practicing in the Patent Marketplace ［J］. The University of Chicago Law Review, 2011, 78（1）: 115 – 137.

［19］Kogan, L. , D. Papanikolaou, A. Seru , and N. Stoffman . Technological Innovation, Resource Allocation and Growth ［J］. Quarterly Journal of Economics, 2017, 132（2）: 665 – 712.

［20］Lee, J. , S. Park, and J. Kang. Introducing Patents with Indirect Connection（PIC）for Establishing Patent Strategies ［J］. Sustainability, 2021, 13（2）: 820.

［21］Prais, S. J. , and E. Mansfield . Industrial Research a Technological Innovation: An Econometric Analysis ［J］. Econometrica, 1968, 41（1）: 207 – 209.

［22］Nordhaus, W. Invention, Growth and Walfare ［M］. London: MIT

Press, 1969.

[23] North, D. C. Institutions, Institutional Change, and Economic Performance [M] . Cambridge University Press, 1990.

[24] Oh, D. S. , F. Phillips, S. Park, E. Lee. Innovation Ecosystem: A Critical Examination [J] . Technovation, 2016 (54): 1 – 6.

[25] Klemperer, P. How Broad Should the Scope of Patent Protention Be? [J] . Rand Journal of Economics, 1990, 21 (1): 113 – 130.

[26] Petruzzelli, A. M. , D. Rotolo, and V. Albino . Determinants of Patent Citations in Biotechnology: An Analysis of Patent Influence Across the Industrial and Organizational Boundaries [J] . Technological Forecasting and Social Change, 2015 (91): 208 – 221.

[27] Piccaluga, A. , C. Balderi, and A. Patro . The ProTon Europe Seventh Annual Survey Report [R] . Brussels: ProTon Europe, 2011.

[28] Roberts, E. B. Technology, Innovation and Competitive Advantage [J] . Making of Innovation Management, 1995, 5 (3): 351 – 376.

[29] Romer, P. M. Growth Based on Increasing Returns Due to Specialization [J] . American Economic Review, 1987, 77 (2): 56 – 62.

[30] Saito, Y. Effects of Patent Protection on Economic Growth and Welfare in a Two – R&D – Sector Economy [J] . Economic Modelling, 2017, 62 (APR.): 124 – 129.

[31] Scherer, F. M. Size of Firm, Oligopoly and Research: A Comment [J] . Canadian Journal of Economics and Political Science, 1965, 31 (2): 423 – 429.

[32] Schumpeter, J. A. Capitalism, Socialism and Democracy: Third Edition [M] . Harper and Row, 1942.

[33] Solow, R. M. A Contribution to the Theory of Economic Growth [J] . Quarterly Journal of Economics, 1956, 70 (1): 65 – 94.

[34] Sylwester, K. R&D and Economic Growth [J] . Knowledge, Technology & Policy , 2001, 13 (4): 71 – 84.

[35] Ulku, H. R&D, Invention and Economic Growth: An Empirical

Analysis ［R］. IMF Working Paper，2004 - 09.

［36］Varsakelis，N. C. The Impact of Patent Protection，Economy Openness and National Culture on R&D Investment：A Cross - Country Empirical Investiga-tion ［J］. Research Policy，2001，30（7）：1059 - 1068.

［37］Wagner，G. A. ，and J. B. Pavlik . Patent Intensity and Concentration：The Effect of Institutional Quality on MSA Patent Activity ［J/OL］. （2019 - 04 - 03）. Social Science Electronic Publishing，https：//ssrn. com/abstract = 3365314.

［38］Young，A. A. Increasing Returns and Economic Progress ［J］. The Economic Journal，1928，38（152）：527 - 542.

［39］2021 年中国专利调查报告［R］. 国家知识产权局战略规划司，国家知识产权局知识产权发展研究中心，2022 - 06.

［40］蔡虹，吴凯，孙顺成. 基于专利引用的国际性技术外溢实证研究［J］. 管理科学，2010，23（1）：18 - 26.

［41］蔡凯，程如烟. 基于专利转让的京津冀技术转移网络分析［J］. 情报工程，2018，4（5）：73 - 82.

［42］曾江洪，于彩云，李佳威，等. 高科技企业研发投入同群效应研究——环境不确定性，知识产权保护的调节作用［J］. 科技进步与对策，2020，37（2）：104 - 111.

［43］曾闻，王曰芬，周珑宇. 产业领域专利申请状态分布与演化研究——以人工智能领域为例［J］. 情报科学，2020，38（12）：4 - 11.

［44］昌忠泽，陈昶君，张杰. 产业结构升级视角下创新驱动发展战略的适用性研究——基于中国四大板块经济区面板数据的实证分析［J］. 经济学家，2019（8）：62 - 74.

［45］陈昌柏. 知识产权经济学［J］. 自然科学进展，2004（1）：7.

［46］陈果. 基于特色关键词的科研机构研究主题揭示：方法与实证［J］. 图书情报工作，2014，58（16）：110 - 115.

［47］陈战光，李广威，梁田，等. 研发投入、知识产权保护与企业创新质量［J］. 科技进步与对策，2020，37（10）：108 - 117.

［48］程文银，李兆辰，刘生龙，等. 中国专利质量的三维评价方法及

实证分析［J］．情报理论与实践，2022，45（7）：95-101.

［49］戴小勇，成力为．研发投入强度对企业绩效影响的门槛效应研究［J］．科学学研究，2013，31（11）：1708-1716.

［50］邓恒，王含．高质量专利的应然内涵与培育路径选择——基于《知识产权强国战略纲要》制定的视角［J］．科技进步与对策，2021，38（17）：34-42.

［51］丁焕峰，何小芳，孙小哲．中国城市专利质量评价及时空演进［J］．经济地理，2021，41（5）：113-121.

［52］杜金岷，吕寒，张仁寿，等．企业R&D投入的创新产出、约束条件与校正路径［J］．南方经济，2017（11）：18-36.

［53］杜勇，鄢波，陈建英．研发投入对高新技术企业经营绩效的影响研究［J］．科技进步与对策，2014，31（2）：87-92.

［54］方志超，王贤文，刘趁．全球专利密集型企业之间专利引用行为分析［J］．科学学与科学技术管理，2015，36（12）：3-12.

［55］冯晓青．我国企业知识产权运营战略及其实施研究［J］．河北法学，2014，32（10）：10-21.

［56］傅晓霞，吴利学．技术差距、创新路径与经济赶超——基于后发国家的内生技术进步模型［J］．经济研究，2013，48（6）：19-32.

［57］顾晓燕，史新和，刘厚俊．知识产权出口贸易与经济增长——基于创新溢出和要素配置的研究视角［J］．国际贸易问题，2018（3）：12-23.

［58］郭秀强，孙延明．研发投入、技术积累与高新技术企业市场绩效［J］．科学学研究，2020，38（9）：1630-1637.

［59］胡谍，王元地．企业专利质量综合指数研究——以创业板上市公司为例［J］．情报杂志，2015，34（1）：77-82.

［60］胡凯，吴清．R&D税收激励、知识产权保护与企业的专利产出［J］．财经研究，2018，44（4）：102-115.

［61］黄凌云，刘冬冬，谢会强．对外投资和引进外资的双向协调发展研究［J］．中国工业经济，2018（3）：80-97.

［62］黄世政．研发投入、专利与经营绩效实证研究：以台湾为例

［J］．科技进步与对策，2015，32（2）：53－58．

［63］解维敏，唐清泉．企业研发投入与实际绩效：破题 A 股上市公司［J］．改革，2011（3）：100－107．

［64］孔伟杰，苏为华．知识产权保护、国际技术溢出与区域经济增长［J］．科研管理，2012，33（6）：120－127．

［65］黎文，梅雅妮，周霞．贸易摩擦、企业附加值和研发投入对知识产权（专利）密集型产业专利申请的影响——基于中国 2013—2018 年上市公司数据的分析［J］．科技管理研究，2020，40（7）：180－189．

［66］李后建，张宗益．地方官员任期、腐败与企业研发投入［J］．科学学研究，2014，32（5）：744－757．

［67］李黎明，陈明媛．专利密集型产业、专利制度与经济增长［J］．中国软科学，2017（4）：152－168．

［68］李盛竹．我国高校专利产出规模、质量与转化影响因素的系统动力学研究——基于 2007～2016 年数据的实证分析［J］．软科学，2018，32（8）：43－48．

［69］李爽．专利制度是否提高了中国工业企业的技术创新积极性——基于专利保护强度和地区经济发展水平的"门槛效应"［J］．财贸研究，2017，28（4）：13－24，42．

［70］李燕．研发投入、专利授权与企业价值提升——基于珠三角制造业的实证研究［J］．科技与经济，2020，33（1）：46－50．

［71］李忆，马莉，苑贤德．企业专利数量、知识离散度与绩效的关系——基于高科技上市公司的实证研究［J］．情报杂志，2014，33（2）：194－200．

［72］廖开容，陈爽英．制度环境对民营企业研发投入影响的实证研究［J］．科学学研究，2011，29（9）：1342－1348．

［73］刘和东，梁东黎．R&D 投入与自主创新能力关系的协整分析——以我国大中型工业企业为对象的实证研究［J］．科学学与科学技术管理，2006（8）：21－25．

［74］刘佳，钟永恒．基于专利许可的科创板企业技术转移特征研究［J］．科学学研究，2021，39（5）：892－899．

[75] 刘林青，陈紫若，王罡. 市场信号、技术特征与中国国际高质量专利 [J]. 经济管理，2020，42（2）：23 - 39.

[76] 刘伟，陈多思，王宏伟. 政治关联与企业技术创新绩效——基于研发投入的中介效应和市场化程度的调节效应 [J]. 财经问题研究，2020（10）：30 - 37.

[77] 刘迎春. 中国战略新兴产业技术创新效率实证研究——基于 DEA方法的分析 [J]. 宏观经济研究，2016（6）：43 - 48，57.

[78] 柳卸林，丁雪辰，王海兰. 从创新生态系统看中国如何建成世界科技强国 [J]. 科学性与科学技术管理，2018（3）：3 - 15.

[79] 栾春娟，张琳，白晶. 美国在华专利转让网络演进与主体特征研究 [J]. 中国发明与专利，2021，18（4）：10 - 18.

[80] 马歇尔. 经济学原理 [M]. 北京：商务印书馆，1997.

[81] 孟猛猛，雷家骕，焦捷. 专利质量、知识产权保护与经济高质量发展 [J]. 科研管理，2021，42（1）：135 - 145.

[82] 米晋宏，张书宇，黄勃. 专利拥有量、市场控制力与企业价值提升——基于上市公司专利数据的研究 [J]. 上海经济研究，2019（3）：24 - 37.

[83] 穆荣平，樊永刚，文皓. 中国创新发展：迈向世界科技强国之路 [J]. 中国科学院院刊，2017（5）：512 - 519.

[84] 钱坤，张晓，黄忠全. 交易情景下专利价值影响因素分析 [J]. 科学学研究，2020，38（9）：1608 - 1620.

[85] 曲如晓，李雪. 外国在华专利、吸收能力与中国企业创新 [J]. 经济学动态，2020（2）：14 - 29.

[86] 饶凯，孟宪飞，徐亮，A. Piccaluga. 研发投入对地方高校专利技术转移活动的影响——基于省级面板数据的实证分析 [J]. 管理评论，2013，25（5）：144 - 154.

[87] 饶萍，吴青. 融资结构、研发投入对产业结构升级的影响——基于社会融资规模视角 [J]. 管理现代化，2017，37（6）：25 - 27.

[88] 任晓猛，付才辉. 发明专利一定越多越好吗？——新结构经济学视角下的理论讨论与微观证据 [J]. 财经论丛，2020（4）：105 - 113.

［89］斯密．国富论［M］．西安：陕西人民出版社，2001．

［90］宋河发，穆荣平，陈芳，等．基于中国发明专利数据的专利质量测度研究［J］．科研管理，2014，35（11）：68－76．

［91］万小丽，冯柄豪，张亚宏，等．英国专利开放许可制度实施效果的验证与启示——基于专利数量和质量的分析［J］．图书情报工作，2020，64（23）：86－95．

［92］王建华，卓雅玲．全球研发网络、结构化镶嵌与跨国公司知识产权保护策略［J］．科学学研究，2016，34（7）：1017－1026，1120．

［93］王珊珊，周鸿岩．企业专利国际化的行为特征与启示［J］．科学学研究，2021，39（4）：662－672．

［94］王叶，张天硕，曲如晓．中国海外专利申请与出口贸易［J］．经济经纬，2022，39（1）：69－78．

［95］王曰芬，张露，张洁逸．产业领域核心专利识别与演化分析——以人工智能领域为例［J］．情报科学，2020，38（12）：19－26．

［96］温忠麟，侯杰泰，张雷．调节效应与中介效应的比较和应用［J］．心理学报，2005（2）：268－274．

［97］吴延兵．创新的决定因素——基于中国制造业的实证分析［J］．世界经济文汇，2008（2）：46－58．

［98］吴玉鸣．工业研发、产学合作与创新绩效的空间面板计量分析［J］．科研管理，2015，36（4）：118－127．

［99］肖国华，王江琦，魏剑．我国专利技术转移评价指标设计及应用研究［J］．情报科学，2013，31（3）：107－112．

［100］肖延高，刘鑫，童文锋，等．研发强度、专利行为与企业绩效［J］．科学学研究，2019，37（7）：1153－1163．

［101］谢臻，卜伟．高技术产业集聚与创新——基于专利保护的门槛效应［J］．中国科技论坛，2018（10）：111－119．

［102］许鑫，赵文华，姚占雷．多维视角的高质量专利识别及其应用研究［J］．现代情报，2019，39（11）：13－22，45．

［103］徐志玮，顾元青，李娜．亚洲和西方国家在学科领域的活跃性和影响力比较研究［J］．情报杂志，2011，30（7）：45－49，54．

[104] 严若森，姜潇．关于制度环境、政治关联、融资约束与企业研发投入的多重关系模型与实证研究［J］．管理学报，2019，16（1）：72-84．

[105] 杨林燕，王俊．知识产权保护提升了中国出口技术复杂度吗？［J］．中国经济问题，2015（3）：97-108．

[106] 杨文君，陆正飞．知识产权资产、研发投入与市场反应［J］．会计与经济研究，2018，32（1）：3-20．

[107] 杨中楷，沈露威．基于有效专利指标的区域创新能力评价［J］．科技与经济，2010，23（1）：30-33．

[108] 尹志锋，叶静怡，黄阳华，等．知识产权保护与企业创新：传导机制及其检验［J］．世界经济，2013，36（12）：111-129．

[109] 余伟婷，蒋伏心．公共研发投资对企业研发投入杠杆作用的研究［J］．科学学研究，2017，35（1）：85-92．

[110] 余子鹏，王今朝．金融发展、研发投入与高新产业国际竞争力［J］．湖北社会科学，2018（11）：51-58．

[111] 袁润，钱过．识别核心专利的粗糙集理论模型［J］．图书情报工作，2015，59（2）：123-130．

[112] 张春颖，尹丽娜．我国企业研发投入现状及问题分析［J］．长春大学学报，2018，28（9）：16-20．

[113] 张杰，孙超，翟东升，等．基于诉讼专利的专利质量评价方法研究［J］．科研管理，2018，39（5）：138-146．

[114] 张骞，罗昌瀚，周鸿勇．专利结构与经济增长——基于产业结构的门槛效应分析［J］．河海大学学报（哲学社会科学版），2022，24（2）：37-44，110．

[115] 张乃根．RCEP等国际经贸协定下的专利申请新颖性宽限期研究［J］．知识产权，2022（2）：3-16．

[116] 赵喜仓，任洋．R&D投入、专利产出效率和经济增长实力的动态关系研究——基于江苏省13个地级市面板数据的PVAR分析［J］．软科学，2014，28（10）：18-21，26．

[117] 赵晓娟，戴碧娜，崔宏达．不同类型创新主体的专利许可差异

及策略研究〔J〕. 科学学研究，2021，39（1）：149-160.

　　［118］赵忠涛，李长英. 专利质量如何影响了企业价值？〔J〕. 经济管理，2020，42（12）：59-75.

　　［119］周密，申婉君. 研发投入对区域创新能力作用机制研究——基于知识产权的实证证据〔J〕. 科学学与科学技术管理，2018，39（8）：26-39.

　　［120］周维，李睿. 基于技术链的专利引用关系计量及其意义〔J〕. 情报杂志，2016，35（8）：114-121，127.

　　［121］朱平芳，徐伟民. 上海市大中型工业行业专利产出滞后机制研究〔J〕. 数量经济技术经济研究，2005（9）：136-142.

　　［122］祝宏辉，杨书奇. 知识产权保护、技术研发投入与制造业两阶段创新效率——基于专利密集型与非专利密集型制造业的对比分析〔J〕. 现代管理科学，2022（2）：50-59.

　　［123］宗庆庆，黄娅娜，钟鸿钧. 行业异质性、知识产权保护与企业研发投入〔J〕. 产业经济研究，2015（2）：47-57.

　　［124］邹洋，叶金珍，李博文. 政府研发补贴对企业创新产出的影响——基于中介效应模型的实证分析〔J〕. 山西财经大学学报，2019，41（1）：17-26.